STARK

SCHULAUFGABEN MATHEMATIK

Horst Lautenschlager

Mathematik 9. Klasse

STARK

Bildnachweis

Umschlag: © Redeyed/Dreamstime.com
Seite 1: © Peter Kornherr, Dorfen
Seite 31: Foto: Maximilien Brice © CERN, Geneva
Seite 39: © Maunger/Dreamstime.com
Seite 40: Bild: Chriusha – http://de.wikipedia.org/wiki/Bild:Viaduc_du_Viaur_vue_from_west_01_08.jpg. Lizenziert unter der Creative Commons–Lizenz „Attribution 3.0 Unported".
Seite 81: © Bcordido/Dreamstime.com
Seite 83: © ALUKON GmbH & Co. KG
Seite 90: © Clark Vansteensel – Fotolia.com
Seite 95: © Nivers/Dreamstime.com
Seite 103: Bild: NASA
Seite 125: © Nitengail/Dreamstime.com
Seite 140: © Aguirre_mar/Dreamstime.com

ISBN 978-3-89449-583-1

www.stark-verlag.de
1. Auflage 2008

Inhalt

Autor: Horst Lautenschlager

Vorwort

Liebe Schülerin, lieber Schüler,

die Inhalte des Mathematikunterrichts im achtjährigen Gymnasium werden in allen Jahrgangsstufen den vier Themensträngen „Zahlen“, „Funktionen“, „Geometrie“ und „Stochastik“ zugeordnet. Zentrale Themenbereiche in der 9. Jahrgangsstufe sind:

	Zahlen	**Funktionen**	**Geometrie**	**Stochastik**
Themenbereich 1	Quadratwurzeln, irrationale Zahlen		Satzgruppe des Pythagoras	
Themenbereich 2	quadratische Gleichungen	quadratische Funktionen		
Themenbereich 3	Potenzen mit rationalen Exponenten		Trigonometrie im rechtwinkligen Dreieck	zusammengesetzte Zufallsexperimente (Pfadregeln)
Themenbereich 4			Raumgeometrie: Prisma, Pyramide, Zylinder, Kegel	

Gleichmäßig übers Schuljahr verteilt werden von dir aus diesen Stoffgebieten 4 Schulaufgaben gefordert. Dieses Buch hilft dir bei der Vorbereitung auf diese Prüfungen, indem es dir ermöglicht, individuelle Schwachstellen und Kenntnislücken rasch und gezielt aufzudecken und effektiv zu beseitigen.

- Dazu bietet es dir für jeden der vier Themenbereiche sorgfältig konzipierte, normierte Schulaufgaben mit **ausführlichen, kommentierten Lösungen**.
- Sollte dir der Einstieg in eine Aufgabe schwer fallen, helfen dir die **Hinweise und Tipps**, die du nach jeder Schulaufgabe noch vor den Lösungen findest, dennoch selbstständig den richtigen Ansatz zu finden.

- Die **Gesamtbearbeitungszeit** beträgt für jede Schulaufgabe 45 Minuten. Anhand der Zeitangaben kannst du bei jeder Teilaufgabe überprüfen, ob dein individuelles Arbeitstempo den Erwartungen entspricht.
- Bei jeder Schulaufgabe können maximal 30 **Bewertungseinheiten** erreicht werden. Deine Leistung kannst du, wenn du willst, mithilfe der von dir erreichten Bewertungseinheiten mit folgendem Schlüssel in eine Note umrechnen.

Notenschlüssel					
Note 1	Note 2	Note 3	Note 4	Note 5	Note 6
30,0–26,0	25,5–21,5	21,0–17,0	16,5–12,0	11,5–6,0	5,5–0

- Die Zahl der „Nüsse“ im Lösungsteil informiert dich über den **Schwierigkeitsgrad** der Aufgaben:

 einfach

 mittel

 schwer

Bei einer gewissenhaften Arbeit mit diesem Buch kannst du deinen aktuellen Leistungsstand rasch realistisch einschätzen. Wenn du dann durch konsequente Nacharbeit den festgestellten Mängeln begegnest, hast du die wesentlichen Schritte auf dem Weg zu besseren Mathematiknoten gemacht.

Ich wünsche dir viel Erfolg!

Horst Lautenschlager

Horst Lautenschlager

Schulaufgaben zum Themenbereich 1

- Quadratwurzeln
- Irrationale Zahlen
- Satzgruppe des Pythagoras

Schulaufgabe 1

BE

1 Gib für die folgenden Zahlen an, ob sie natürlich, ganz, rational, irrational oder reell sind und begründe deine Aussage.

a) 5,5766666… 1

b) 5,56556555655556… 1

c) $\sqrt{\frac{3}{75}}$ 1

d) $\sqrt{4^3}$ 1

2 Fasse ohne Verwendung des Taschenrechners so weit wie möglich zusammen und schreibe das Ergebnis ohne Verwendung von Dezimalbrüchen.

a) $\sqrt{125}-\sqrt{63}-\sqrt{45}+4\sqrt{0{,}07}$ 3

b) $(2\sqrt{96}-5\sqrt{60}):\sqrt{12}$ 3

3 Eine Lösung der Gleichung $(x-\sqrt{2})^2 = a$ lautet $\sqrt{8}$.
Berechne a und die zweite Lösung. 5

4 Evi soll für eine Bastelarbeit aus einem rechteckigen 15 cm langen und 6 cm breiten Karton ein rechtwinkliges Dreieck mit der Hypotenuse 15 cm und der Höhe 6 cm schneiden. Nach Augenmaß wählt sie E 3 cm von C entfernt.
Ist ihr Dreieck wirklich rechtwinklig?
Begründe deine Antwort durch Rechnung. 3

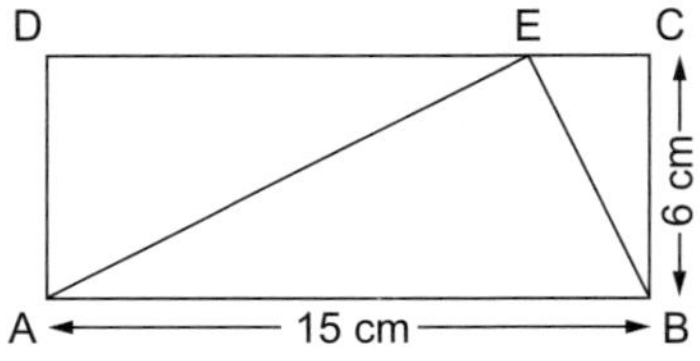

5 Die gezeichneten Strecken sind 4 LE (**L**ängen-**E**inheiten) und 6 LE lang.
Konstruiere mithilfe des Höhensatzes eine Strecke der Länge $\sqrt{8}$.
Beschreibe und begründe deine Konstruktion. 6

Hinweis: $8 = 2 \cdot 4$

6 In nebenstehender Skizze schneidet das Lot in B auf [AD] die Halbkreise mit den Durchmessern [AC] und [AD] in E und F. C ist der Mittelpunkt des größeren Kreises. Ferner gilt:
$\overline{AD} = 8$ cm und $\overline{AF} = 2\sqrt{6}$ cm
Berechne:

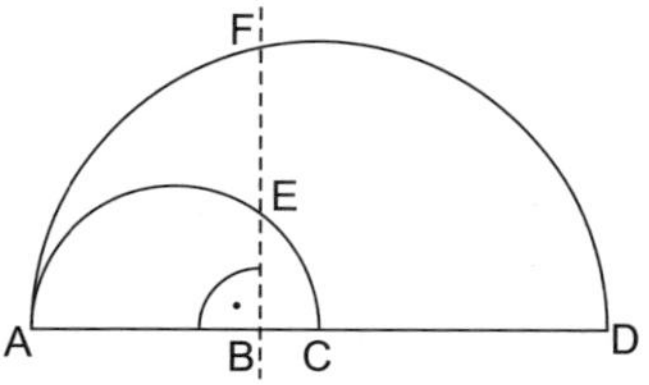

a) $\overline{AB}$ 3

b) $\overline{BE}$ 3

Hinweise und Tipps

1
- Achte bei a und b darauf, ob die Dezimalbruchentwicklungen periodisch oder nicht periodisch sind.
- Die Terme bei c und d lassen sich ohne Wurzelzeichen schreiben.

2
- Wandle bei a den Dezimalbruch in einen gemeinen Bruch um. Radiziere teilweise.
- Erinnere dich bei b an das Distributivgesetz für die Division.

3
- Setze die gegebene Lösung in die Gleichung ein und fasse zusammen.
- Die reinquadratische Gleichung $x^2 = z$ besitzt die Lösungen $\pm\sqrt{z}$.

4 Denke an die Umkehrung des Höhensatzes.

5 Konstruiere ein rechtwinkliges Dreieck mit den Hypotenusenabschnitten 2 und 4.

6
- Die Dreiecke ADF und ACE sind rechtwinklig.
- Formuliere den Kathetensatz am Dreieck ADF.
- Formuliere den Höhensatz am Dreieck ACE.

Lösung

1 a) 2 Minuten,
5,57666666… ist eine rationale Zahl, da ein unendlicher aber periodischer Dezimalbruch (Vorperiode 57, Periode 6) vorliegt. Als rationale Zahl ist sie auch reell. 1

b) 2 Minuten,
5,56556555655556… ist eine irrationale Zahl, da ein unendlicher aber nicht periodischer Dezimalbruch vorliegt. Die Anzahl der Fünfen zwischen zwei aufeinander folgenden Sechsen nimmt nämlich stets um 1 zu. Als irrationale Zahl ist sie auch reell. 1

c) 2 Minuten,
$\sqrt{\frac{3}{75}}$ ist eine rationale Zahl, da sie sich wegen

$$\sqrt{\frac{3}{75}}=\sqrt{\frac{3}{3\cdot 25}}=\sqrt{\frac{1}{25}}=\frac{1}{5}=0,2$$

als endlicher Dezimalbruch darstellen lässt.
Als rationale Zahl ist sie auch reell. 1

d) 2 Minuten,
$\sqrt{4^3}$ ist wegen $\sqrt{4^3}=\sqrt{64}=8$ eine natürliche Zahl.
Als natürliche Zahl ist sie auch ganz, rational und reell. 1

2 a) 5 Minuten, /

$\sqrt{125}-\sqrt{63}-\sqrt{45}+4\sqrt{0,07}$

$=\sqrt{25\cdot 5}-\sqrt{9\cdot 7}-\sqrt{9\cdot 5}+4\cdot\sqrt{\frac{7}{100}}$	Darstellung der Radikanden als Produkte mit möglichst großen Quadratzahlen	0,5
$=\sqrt{25}\cdot\sqrt{5}-\sqrt{9}\cdot\sqrt{7}-\sqrt{9}\cdot\sqrt{5}+4\cdot\frac{\sqrt{7}}{\sqrt{100}}$	Rechenregeln für Wurzeln	0,5
$=5\cdot\sqrt{5}-3\cdot\sqrt{7}-3\cdot\sqrt{5}+4\cdot\frac{\sqrt{7}}{10}$	teilweise radizieren	1
$=2\cdot\sqrt{5}-\frac{26}{10}\cdot\sqrt{7}$	Zusammenfassen gleichartiger Terme	0,5
$=2\cdot\sqrt{5}-\frac{13}{5}\cdot\sqrt{7}$	Kürzen	0,5

b) 4 Minuten

$(2\sqrt{96}-5\sqrt{60}):\sqrt{12}$		
$=\dfrac{2\sqrt{96}}{\sqrt{12}}-\dfrac{5\sqrt{60}}{\sqrt{12}}$	Distributivgesetz	0,5
$=2\sqrt{\dfrac{96}{12}}-5\sqrt{\dfrac{60}{12}}$	Rechenregeln für Wurzeln	0,5
$=2\sqrt{8}-5\sqrt{5}$	unter der Wurzel kürzen	1
$=2\cdot 2\sqrt{2}-5\sqrt{5}$	teilweise radizieren	0,5
$=4\sqrt{2}-5\sqrt{5}$		0,5

3 7 Minuten

Berechnung von a:

$(\sqrt{8}-\sqrt{2})^2=a$	Einsetzen von $\sqrt{8}$ in die Gleichung	0,5
$(2\sqrt{2}-\sqrt{2})^2=a$	teilweise radizieren	0,5
$(\sqrt{2})^2=a$	Zusammenfassen in der Klammer	0,5
$2=a$	Definition der Wurzel	0,5

Berechnung der 2. Lösung:

$(x-\sqrt{2})^2=2$		
$\lvert x-\sqrt{2}\rvert=\sqrt{2}$	Radizieren	0,5
Lösung 1: (positiver Betragsinhalt)		
$(x_1-\sqrt{2})=\sqrt{2}$	Fallunterscheidung: Auflösen des Betrags	0,5
$\Rightarrow\ x_1=2\sqrt{2}$ ist die gegebene Lösung	auf beiden Seiten $\sqrt{2}$ addieren	0,5
Lösung 2: (negativer Betragsinhalt)		
$-(x_2-\sqrt{2})=\sqrt{2}$	Auflösen des Betrags	0,5
$-x_2+\sqrt{2}=\sqrt{2}$	Klammern auflösen	0,5
$\Rightarrow\ x_2=0$	auf beiden Seiten $\sqrt{2}$ subtrahieren	0,5

4 5 Minuten,

Im ausgeschnittenen Dreieck gilt:

Höhenabschnitte:

$p = (15 - 3)\text{ cm} = 12\text{ cm}$

$q = 3\text{ cm}$

Höhe: $h = 6\text{ cm}$ 1

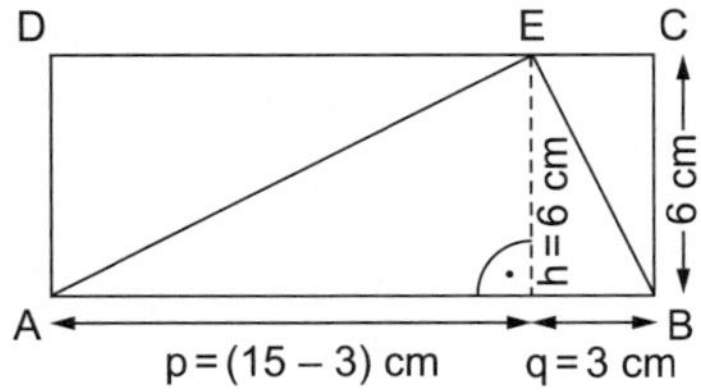

Wegen

$p \cdot q = 12 \cdot 3 = 36 = 6^2 = h^2$ 1

lässt sich die Umkehrung des Höhensatzes anwenden.

Das Dreieck ABE ist daher rechwinklig. 1

5 8 Minuten,

Konstruktion: 3

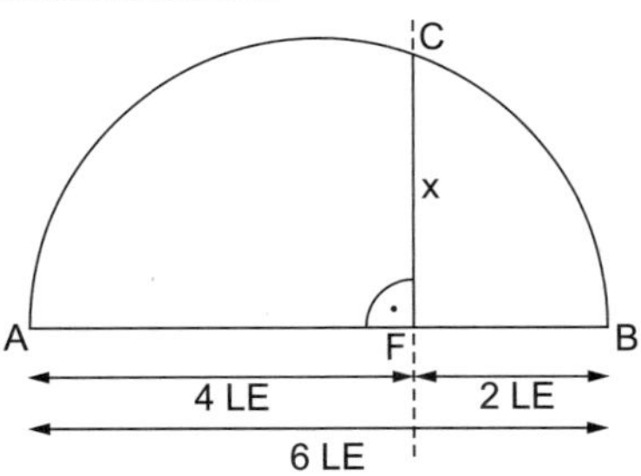

Konstruktionsbeschreibung: 1

Man trägt von A aus auf einer Geraden die Strecken 4 LE und 6 LE ab und erhält so die Punkte F und B. Dann konstruiert man den Thaleskreis über der Strecke [AB] und errichtet das Lot in F auf [AB]. Dieses schneidet den Thaleskreis in C. Die gesuchte Strecke ist [CF].

Begründung: 2

Im rechtwinkligen Dreieck ABC gilt nach dem Höhensatz:

$x^2 = \overline{AF} \cdot \overline{FB} = 4 \cdot 2\,(\text{LE})^2 = 8\,(\text{LE})^2$

$\Rightarrow \quad x = \sqrt{8}\text{ LE}$

6 a) 4 Minuten, /

Nach dem Thalessatz ist das Dreieck ADF rechtwinklig. 1

Daher gilt nach dem Kathetensatz:

$\overline{AF}^2 = \overline{AB} \cdot \overline{AD}$

$\Rightarrow \quad \overline{AB} = \frac{\overline{AF}^2}{\overline{AD}} = \frac{(2\sqrt{6})^2\ \text{cm}^2}{8\ \text{cm}} = \frac{4 \cdot 6}{8}\ \text{cm} = 3\ \text{cm}$ 2

b) 4 Minuten, /

Nach dem Thalessatz ist das Dreieck ACE rechtwinklig. 1

Daher gilt nach dem Höhensatz:

$\overline{BE}^2 = \overline{AB} \cdot \overline{BC}$

$\Rightarrow \quad \overline{BE} = \sqrt{\overline{AB} \cdot \overline{BC}}$

$\overline{AB}$ wurde in Teilaufgabe a berechnet: $\overline{AB} = 3\ \text{cm}$

Da C die Strecke [AD] halbiert, gilt: $\overline{AC} = 4\ \text{cm}$

Hieraus folgt: $\overline{BC} = \overline{AC} - \overline{AB} = 4\ \text{cm} - 3\ \text{cm} = 1\ \text{cm}$

Einsetzen ergibt: $\overline{BE} = \sqrt{3\ \text{cm} \cdot 1\ \text{cm}} = \sqrt{3}\ \text{cm}$ 2

Schulaufgabe 2

BE

1 Berechne ohne Verwendung des Taschenrechners.

a) $-\sqrt{13}^2$ 1

b) $\sqrt{81+36}$ 1

c) $\dfrac{\sqrt{51}\cdot\sqrt{85}}{\sqrt{15}}$ 2

2 Untersuche, ob die folgenden Intervalle sinngemäß fortgesetzt jeweils eine Intervallschachtelung bilden, und begründe deine Aussagen.

a) [0,39; 0,61], [0,399; 0,601], [0,3999; 0,6001], … 1

b) $\left[\frac{2}{5};\frac{2}{3}\right],\left[\frac{2}{7};\frac{2}{5}\right],\left[\frac{2}{9};\frac{2}{7}\right],\ldots$ 1

3 Ziehe unter die Wurzel und vereinfache so weit wie möglich.

a) $-7\cdot\sqrt{\dfrac{3}{84-35}}$ 2

b) $\left(\dfrac{2}{3}-\dfrac{1}{2}\right)\cdot\sqrt{72}$ 2

c) $\left(\dfrac{2}{3}-\dfrac{3}{4}\right)\cdot\sqrt{288}$ 2

4 Der Term

$$3x\cdot\sqrt{\frac{8x^4+5x^2}{72x^6+45x^4}}$$

lässt sich für jede von 0 verschiedene, reelle Zahl x ohne Wurzelzeichen schreiben. Finde diese Darstellung. 3

5 Evi liest in einem Buch über das alte Ägypten, dass bei der Neuvermessung der vom Nil überschwemmten Felder rechte Winkel mithilfe einer geschlossenen Schnur abgesteckt wurden, die durch 12 Knoten in 12 gleich lange Strecken unterteilt war.

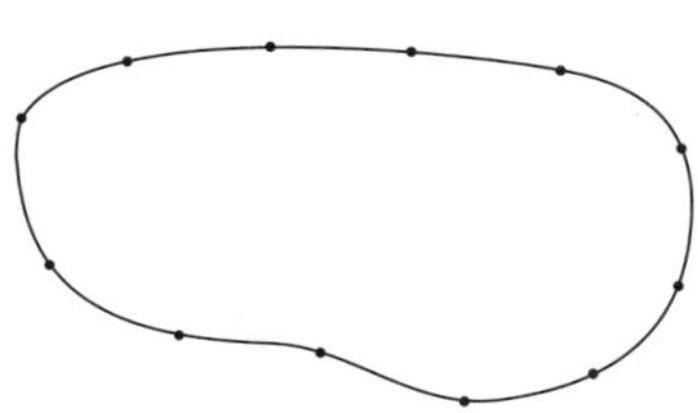

Sie versteht aber nicht, wie das funktioniert haben soll.
Kannst du ihr helfen? 3

Hinweis 1: $12 = 3 + 4 + 5$ *Hinweis 2:* $3^2 + 4^2 = 5^2$

6 Im nebenstehenden Dreieck kennt man die Streckenlängen $\overline{ST} = 4$ cm und $\overline{PT} = 5$ cm.
Berechne:

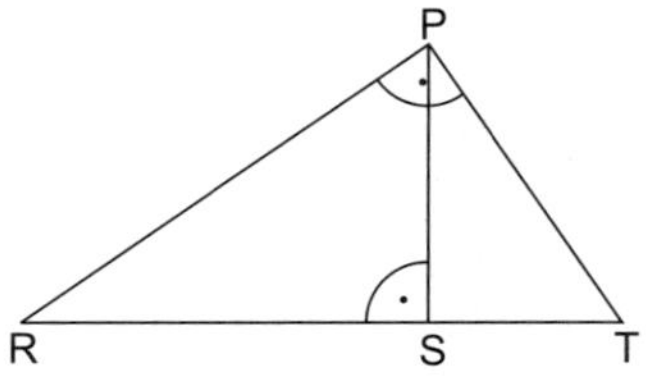

a) $\overline{PS}$ 3
b) $\overline{RS}$ 3

7 Die gezeichneten Strecken sind 4 LE (**L**ängen-**E**inheiten) und 6 LE lang. Konstruiere mithilfe des Satzes von Pythagoras eine Strecke der Länge $\sqrt{20}$ LE. Beschreibe und begründe deine Konstruktion. 6

Hinweis: $6^2 - 4^2 = 20$

Hinweise und Tipps

1
- Der Exponent 2 bei a bezieht sich nicht auf das Minuszeichen.
- Beachte, dass im Allgemeinen $\sqrt{a+b} \neq \sqrt{a} + \sqrt{b}$ gilt.
- Stelle bei c die Radikanden als Produkt ihrer Primfaktoren dar und wende die Rechenregeln für Wurzeln geeignet an.

2 Für eine Intervallschachtelung müssen die Intervalle bestimmte Bedingungen erfüllen (Länge, Grenzen).

3
- Beachte, dass Minuszeichen nicht unter die Wurzel gezogen werden können.
- Berechne bei b und c zuerst den Wert der Differenz und ziehe erst dann unter die Wurzel.

4
- Im Zähler des Radikanden kannst du x^2 und im Nenner $9x^4$ ausklammern
- Überlege, ob beim Radizieren eine Fallunterscheidung erforderlich ist.

5 Mit der Schnur lässt sich ein rechtwinkliges Dreieck legen.

6
- Wende den Satz des Pythagoras auf das Dreieck PST an.
- Wende den Höhensatz auf das Dreieck RTP an.

7 Konstruiere ein rechtwinkliges Dreieck mit der Hypotenuse 6, das eine Kathete der Länge 4 besitzt.

Lösung

1 a) 1 Minute,

$-\sqrt{13}^2 = -13$, da sich der Exponent 2 nur auf das Wurzelzeichen bezieht und $\sqrt{a}^2 = a$. 1

b) 1 Minute,

$\sqrt{81+36} = \sqrt{9\cdot(9+4)} = 3\sqrt{13}$, weitere Vereinfachungen sind nicht möglich. 1

c) 3 Minuten,

$\frac{\sqrt{51}\cdot\sqrt{85}}{\sqrt{15}}$		
$=\frac{\sqrt{3\cdot 17}\cdot\sqrt{5\cdot 17}}{\sqrt{3\cdot 5}}$	Primfaktorzerlegung der Radikanden	0,5
$=\sqrt{\frac{3\cdot 17\cdot 5\cdot 17}{3\cdot 5}}$	Rechenregeln für Wurzeln	0,5
$=\sqrt{17^2}$	Kürzen	0,5
$=17$		0,5

2 *Vorbemerkung:*
Eine Intervallfolge $[a_1; b_1]$, $[a_2; b_2]$, $[a_3; b_3]$, … heißt Intervallschachtelung, wenn:

- jedes Nachfolgeintervall im Vorgängerintervall vollständig enthalten ist, wenn also $a_1 \leq a_2 \leq a_3 \leq \ldots$ **und** $b_1 \geq b_2 \geq b_3 \geq \ldots$ gilt, und
- die Länge $b_n - a_n$ der Intervalle gegen 0 strebt.

a) 2 Minuten,

[0,39; 0,61], [0,399; 0,601], [0,3999; 0,6001], … ist keine Intervallschachtelung, weil die Länge der Intervalle gegen 0,2 und nicht gegen 0 strebt. 1

b) 2 Minuten,

$\left[\frac{2}{5};\frac{2}{3}\right], \left[\frac{2}{7};\frac{2}{5}\right], \left[\frac{2}{9};\frac{2}{7}\right], \ldots$ ist keine Intervallschachtelung, weil

$\frac{2}{5} > \frac{2}{7} > \frac{2}{9} \ldots$ 1

3 a) 3 Minuten

Rechnung	Erläuterung	Punkte
$-7\cdot\sqrt{\frac{3}{84-35}}$		
$=-\sqrt{49}\cdot\sqrt{\frac{3}{49}}$	Zusammenfassen und 7 als Quadratwurzel schreiben	1
$=-\sqrt{\frac{49\cdot 3}{49}}$	Rechenregeln für Wurzeln	0,5
$=-\sqrt{3}$	Kürzen	0,5

b) 3 Minuten

Rechnung	Erläuterung	Punkte
$\left(\frac{2}{3}-\frac{1}{2}\right)\cdot\sqrt{72}$		
$=\frac{1}{6}\cdot\sqrt{72}$	Berechnen der Differenz	0,5
$=\frac{1}{\sqrt{36}}\cdot\sqrt{72}$	6 als Quadratwurzel schreiben	0,5
$=\sqrt{\frac{72}{36}}$	Rechenregeln für Wurzeln	0,5
$=\sqrt{2}$	Kürzen	0,5

c) 3 Minuten

Rechnung	Erläuterung	Punkte
$\left(\frac{2}{3}-\frac{3}{4}\right)\cdot\sqrt{288}$		
$=-\frac{1}{12}\cdot\sqrt{288}$	Berechnen der Differenz	0,5
$=-\frac{1}{\sqrt{144}}\sqrt{288}$	12 als Quadratwurzel schreiben	0,5
$=-\sqrt{\frac{288}{144}}$	Rechenregeln für Wurzeln	0,5
$=-\sqrt{2}$	Kürzen	0,5

4 4 Minuten,

$3x \cdot \sqrt{\dfrac{8x^4+5x^2}{72x^6+45x^4}}$		
$= 3x \cdot \sqrt{\dfrac{x^2(8x^2+5)}{9x^4(8x^2+5)}}$	Ausklammern von x^2 im Zähler und $9x^4$ im Nenner	0,5
$= 3x \cdot \sqrt{\dfrac{1}{9x^2}}$	Kürzen	0,5
$= 3x \cdot \dfrac{1}{3 \cdot \lvert x \rvert}$	Radizieren	0,5
$= \dfrac{x}{\lvert x \rvert}$	Kürzen	0,5
$= \begin{cases} \frac{x}{x} = 1, & \text{wenn } x > 0 \\ \frac{x}{-x} = -1, & \text{wenn } x < 0 \end{cases}$	Betragsauflösung mit Fallunterscheidung und Kürzen	1

5 5 Minuten,

Soll zum Beispiel auf einer Geraden g das Lot im Punkt A errichtet werden, legt man einen Knoten auf den Punkt A und spannt die Schnur so, wie es in der Skizze dargestellt ist. Die Seitenlängen des Dreiecks erfüllen dann die Umkehrung des Satzes von Pythagoras. Es besitzt bei A einen rechten Winkel. 3

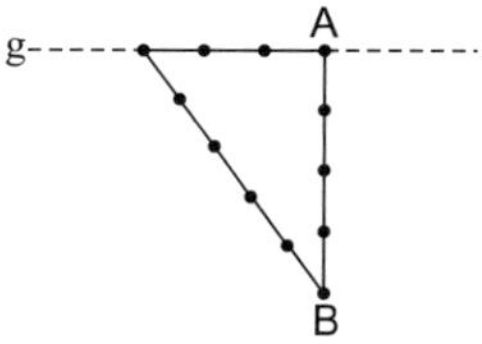

6 a) 4 Minuten,

$\overline{PT}^2 = \overline{PS}^2 + \overline{ST}^2$	Satz des Pythagoras im Dreieck PST	1
$\overline{PS}^2 = \overline{PT}^2 - \overline{ST}^2$	nach $\overline{PS}$ auflösen	0,5
$\overline{PS} = \sqrt{\overline{PT}^2 - \overline{ST}^2}$	Radizieren	0,5
$\overline{PS} = \sqrt{5^2 - 4^2}\text{ cm} = \sqrt{9}\text{ cm} = 3\text{ cm}$	Zahlen einsetzen und zusammenfassen	1

b) 4 Minuten, /

$\overline{RS} \cdot \overline{ST} = \overline{PS}^2$	Höhensatz im Dreieck RTP	1
$\overline{RS} = \dfrac{\overline{PS}^2}{\overline{ST}}$	auf beiden Seiten durch $\overline{ST}$ dividieren	1
$\overline{RS} = \dfrac{3^2}{4}\text{ cm} = \dfrac{9}{4}\text{ cm}$	Zahlen einsetzen und zusammenfassen	1

7 10 Minuten, /

Konstruktion: 3

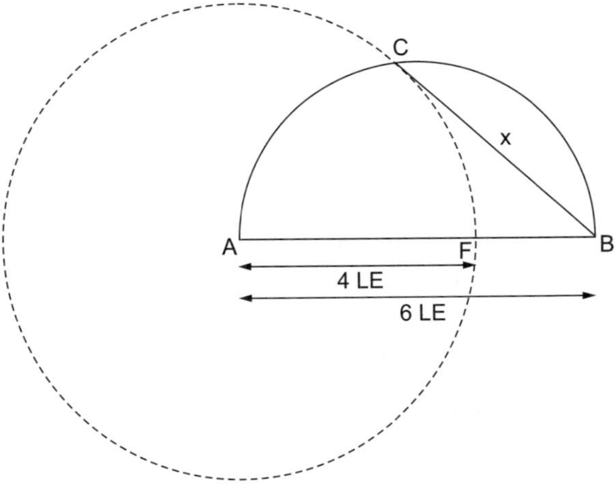

Konstruktionsbeschreibung: 1

Man trägt von A aus auf einer Geraden die Strecken 4 LE und 6 LE ab und erhält so die Punkte F und B. Dann konstruiert man den Thaleskreis über der Strecke [AB] und zeichnet um A einen Kreis mit Radius $\overline{AF} = 4$ LE. Dieser schneidet den Thaleskreis in C. Die gesuchte Strecke ist [BC].

Begründung: 2

Im rechtwinkligen Dreieck ABC gilt nach dem Satz des Pythagoras:

$$x^2 = \overline{AB}^2 - \overline{AC}^2 = (6\text{ LE})^2 - (4\text{ LE})^2 = 20\text{ (LE)}^2$$

$$\Rightarrow \quad x = \sqrt{20}\text{ LE}$$

Schulaufgabe 3

BE

1 Welcher Fehler wurde hier gemacht? Gib die richtige Rechnung an.

$\sqrt{x^2y^3} = xy\sqrt{y}$ 3

2 Vereinfache die folgenden Terme, in denen x und y positive reelle Zahlen vertreten, so weit wie möglich.

a) $\sqrt{5y+y^2} \cdot \sqrt{\frac{y}{5+y}}$ 3

b) $\sqrt{\frac{x^4}{8y}} : \sqrt{\frac{2x^2}{y^3}}$ 3

3 a) Beschreibe kurz das Heron-Verfahren zur iterativen Quadratwurzelberechnung. 2

b) Führe ausgehend vom Startwert $x_0 = 3$ zur Bestimmung eines Näherungswertes für $\sqrt{11}$ die ersten 4 Schritte des Heron-Verfahrens durch. 4

4 Die folgenden Aussagen beziehen sich auf ein rechtwinkliges Dreieck, bei dem zwei Seiten 19 cm bzw. 13 cm lang sind.
Beantworte durch Ankreuzen, ob folgende Aussagen wahr oder falsch sind, und begründe deine Antwort.

	wahr	falsch	
Die dritte Seite muss 6 cm lang sein.	☐	☐	
Die dritte Seite muss $\sqrt{530}$ cm lang sein.	☐	☐	
Die dritte Seite muss $8\sqrt{3}$ cm lang sein.	☐	☐	
Die dritte Seite kann $\sqrt{530}$ cm, aber auch $8\sqrt{3}$ cm lang sein.	☐	☐	
Es gibt kein rechtwinkliges Dreieck mit diesen Seitenlängen.	☐	☐	4

5 Eine Metallkugel hinterlässt im feuchten Sandboden nebenstehenden Abdruck.

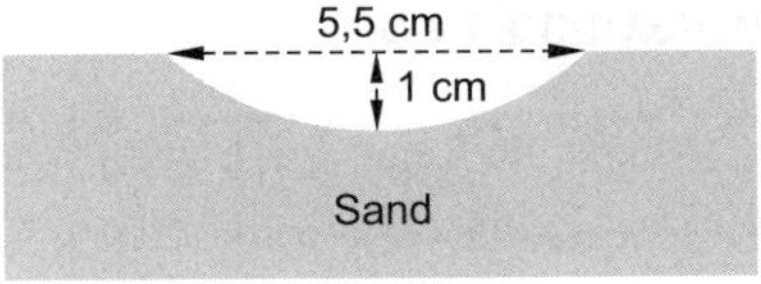

a) Bestimme den Kugelradius durch Konstruktion. 3

b) Berechne den Kugelradius mithilfe des Höhensatzes und überprüfe dein Ergebnis aus Teilaufgabe a. 3

6 Die gezeichneten Strecken sind 4 LE (**L**ängen-**E**inheiten) und 6 LE lang.
Konstruiere mithilfe des Kathetensatzes eine Strecke der Länge $\sqrt{40}$ LE.
Beschreibe und begründe deine Konstruktion. 5

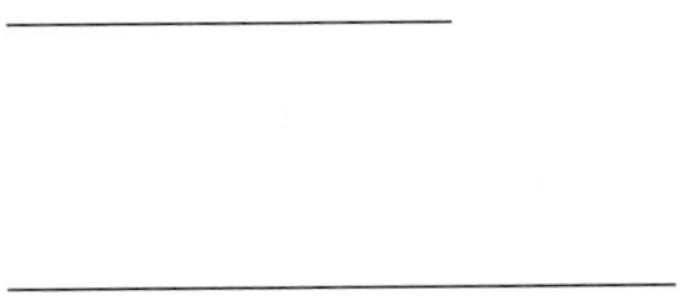

Hinweis: $40 = 4 \cdot (4 + 6)$

Hinweise und Tipps

1
- Wende die Regel $\sqrt{a \cdot b} = \sqrt{a} \cdot \sqrt{b}$ an.
- Beachte, dass $\sqrt{a^2} = |a|$.

2
- Ziehe die Terme mithilfe der Rechenregeln unter eine Wurzel.
- Zur Division von Bruchtermen multipliziert man den Dividend (links vom „:“-Zeichen) mit dem Kehrwert des Divisors (rechts vom „:“-Zeichen)
- Klammere aus und kürze so weit wie möglich.

3
- Erinnere dich an die Rekursionsformel des Heron-Verfahrens.
- Du beginnst, indem du in die Heron-Formel die Werte $a = 11$ und $x_0 = 3$ einsetzt.

4 Wende den Satz von Pythagoras an.

5
- Wähle drei Punkte A, B, C auf dem vorhandenen Kreisbogen.
- Der Umkreismittelpunkt ist der Schnittpunkt der Mittelsenkrechten des Dreiecks ABC.
- Der Umkreis aus Teilaufgabe a ist Thaleskreis für ein rechtwinkliges Dreieck mit der Höhe $\frac{5{,}5}{2}$ cm.

6 Konstruiere ein rechtwinkliges Dreieck mit den Hypotenusenabschnitten 4 und 6.

Lösung

1 3 Minuten,

Der Fehler besteht darin, dass $\sqrt{x^2}$ statt $|x|$ gleich x gesetzt wurde. 1

$\sqrt{x^2y^3}$		
$=\sqrt{x^2\cdot y^2\cdot y}$	Potenzgesetz	0,5
$=\sqrt{x^2}\cdot\sqrt{y^2}\cdot\sqrt{y}$	Rechenregeln für Wurzeln	0,5
$=\|x\|\cdot\|y\|\cdot\sqrt{y}$	Radizieren	0,5
$=\|x\|\cdot y\cdot\sqrt{y}$	$y>0$ (sonst wäre y^3 auch negativ und $\sqrt{x^2y^3}$ nicht definiert)	0,5

2 a) 4 Minuten, /

$\sqrt{5y+y^2}\cdot\sqrt{\frac{y}{5+y}}$		
$=\sqrt{(5y+y^2)\cdot\frac{y}{5+y}}$	Rechenregeln für Wurzeln	0,5
$=\sqrt{y(5+y)\cdot\frac{y}{5+y}}$	Ausklammern von y im 1. Faktor	0,5
$=\sqrt{\frac{y\cdot(5+y)y}{5+y}}$		0,5
$=\sqrt{y\cdot y}$	Kürzen	0,5
$=\|y\|$	Radizieren	0,5
$=y$	$y>0$	0,5

b) 4 Minuten, /

$\sqrt{\frac{x^4}{8y}}:\sqrt{\frac{2x^2}{y^3}}$		
$=\sqrt{\frac{x^4}{8y}:\frac{2x^2}{y^3}}$	Rechenregeln für Wurzeln	0,5
$=\sqrt{\frac{x^4\cdot y^3}{8y\cdot 2x^2}}$		0,5

$= \sqrt{\frac{x^2 \cdot y^2}{16}}$ Kürzen 0,5

$= \frac{\sqrt{x^2} \cdot \sqrt{y^2}}{\sqrt{16}}$ Rechenregeln für Wurzeln 0,5

$= \frac{|x| \cdot |y|}{4}$ $\sqrt{a^2} = |a|$ 0,5

$= \frac{xy}{4}$ $x, y > 0$ 0,5

3 a) 4 Minuten,

Ersetzt man in der Formel

$$x_{n+1} = \frac{1}{2}\left(x_n + \frac{a}{x_n}\right)$$

die Variable x_n durch den Startwert x_0, erhält man für $\sqrt{a}$ einen besseren Näherungswert x_1. Ersetzt man dann in der Formel x_n durch x_1, erhält man für $\sqrt{a}$ einen noch besseren Näherungswert x_2 usw. 2

b) 4 Minuten,

$x_1 = \frac{1}{2}\left(3 + \frac{11}{3}\right) = 3,\overline{3}$ 1

$x_2 = \frac{1}{2}\left(3,\overline{3} + \frac{11}{3,\overline{3}}\right) = 3,31\overline{6}$ 1

$x_3 = \frac{1}{2}\left(3,31\overline{6} + \frac{11}{3,31\overline{6}}\right) = 3,316624791$ 1

$x_4 = \frac{1}{2}\left(3,316624791 + \frac{11}{3,316624791}\right) = 3,316624790$ 1

4 7 Minuten, /

	wahr	falsch	
Die dritte Seite muss 6 cm lang sein.	☐	☒	
Die dritte Seite muss $\sqrt{530}$ cm lang sein.	☐	☒	
Die dritte Seite muss $8\sqrt{3}$ cm lang sein.	☐	☒	
Die dritte Seite kann $\sqrt{530}$ cm, aber auch $8\sqrt{3}$ cm lang sein.	☒	☐	
Es gibt kein rechtwinkliges Dreieck mit diesen Seitenlängen.	☐	☒	1

Begründungen:

Da in jedem Dreieck die Summe zweier Seitenlängen stets größer als die dritte Seitenlänge ist und $13+6=19$ ist, kann die dritte Seite nicht 6 cm lang sein. 1

Nach dem Satz des Pythagoras ist

- $\sqrt{530}$ cm wegen $19^2+13^2=361+169=\sqrt{530}^2$ die Länge der Hypotenuse in einem rechtwinkligen Dreieck, dessen Katheten 19 cm und 13 cm lang sind. 1
- $8\sqrt{3}$ cm wegen $(8\sqrt{3})^2+13^2=64\cdot 3+169=361=19^2$ die Länge einer Kathete in einem rechtwinkligen Dreieck dessen Hypotenuse 19 cm und dessen zweite Kathete 13 cm lang sind. 1

5 a) 5 Minuten,

Wählt man beliebig drei Punkte A, B, C auf der vorhandenen Kreislinie, so ist der Kreis Umkreis des Dreiecks ABC.

Den Umkreismittelpunkt erhält man als Schnittpunkt der Mittelsenkrechten auf die Seiten [AB] und [BC].

Abmessen mit dem Geodreieck ergibt $r=4{,}3$ cm. 3

Skizze nicht maßstäblich

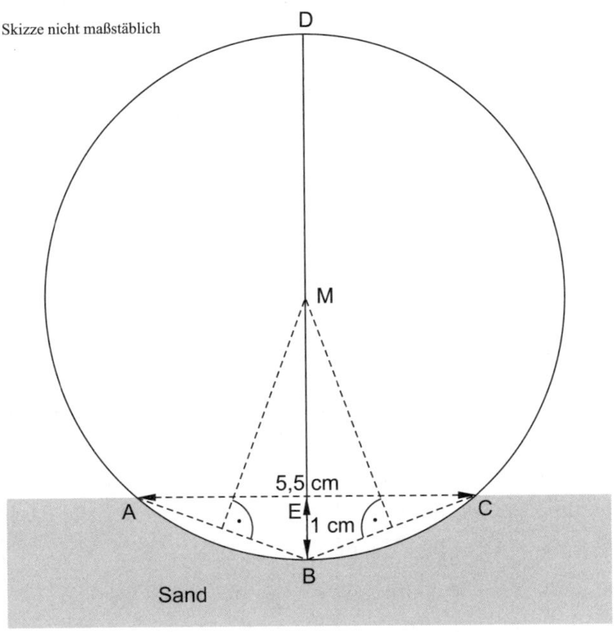

b) 5 Minuten,

In obiger Skizze sind A, B und D so gewählt, dass das Dreieck ABD bei A einen rechten Winkel besitzt. Beachte, dass der Kreis Thaleskreis des Dreiecks ABD ist. 0,5

Nach dem Höhensatz gilt daher: $\overline{AE}^2 = \overline{EB} \cdot \overline{ED}$ 0,5

$\Rightarrow \quad \overline{AE}^2 = \overline{EB} \cdot (2r - \overline{EB})$ — r bezeichnet den gesuchten Kreisradius.

$2r - \overline{EB} = \dfrac{\overline{AE}^2}{\overline{EB}}$ — auf beiden Seiten durch $\overline{EB}$ dividieren 0,5

$2r = \dfrac{\overline{AE}^2}{\overline{EB}} + \overline{EB}$ — auf beiden Seiten $\overline{EB}$ addieren 0,5

$r = \dfrac{\overline{AE}^2}{2\overline{EB}} + \dfrac{\overline{EB}}{2}$ — auf beiden Seiten durch 2 dividieren 0,5

$\Rightarrow \quad r = \dfrac{\left(\frac{5,5}{2}\,\text{cm}\right)^2}{2 \cdot 1\,\text{cm}} + \dfrac{1\,\text{cm}}{2} \approx 4,3\,\text{cm}$ — Zahlenwerte einsetzen und Taschenrechner anwenden 0,5

6 9 Minuten,

Konstruktion: 2

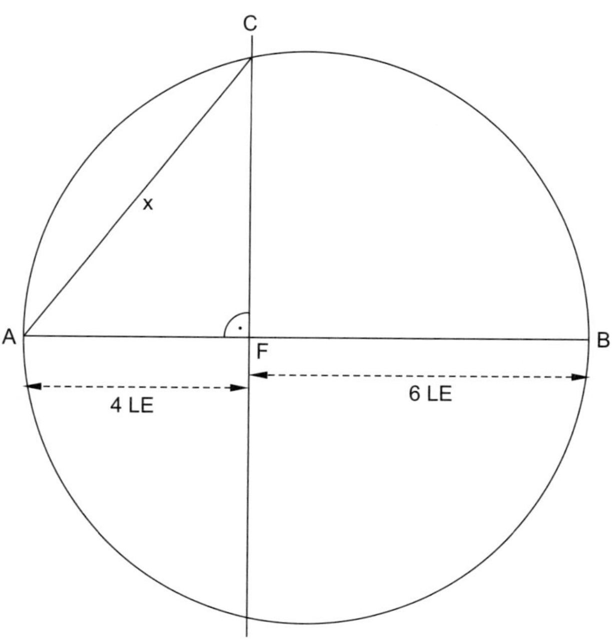

Konstruktionsbeschreibung: 1,5

Man trägt von A aus auf einer Geraden die Strecke 4 LE ab und erhält so den Punkt F. Von F aus trägt man auf derselben Geraden die Strecke 6 LE ab und erhält so den Punkt B. Über der Strecke [AB] konstruiert man den Thaleskreis und errichtet das Lot in F auf [AB]. Dieses schneidet den Thaleskreis in C.
Die gesuchte Strecke ist [AC].

Begründung: 1,5

Im rechtwinkligen Dreieck ABC gilt nach dem Kathetensatz:
$x^2 = \overline{AF} \cdot \overline{AB} = (4\text{ LE}) \cdot (4+6)\text{ LE} = 40\,(\text{LE})^2 \quad \Rightarrow \quad x = \sqrt{40}\text{ LE}$

Schulaufgabe 4

BE

1 $\sqrt{45} = \sqrt{81-36} = \sqrt{81} - \sqrt{36} = 9 - 6 = 3$

a) Welcher Fehler wurde hier bei der Berechnung von $\sqrt{45}$ gemacht? 1

b) Gib die richtige Rechnung an. 1

2 Gib die Definitionsmengen folgender Terme an.

a) $\sqrt{7+x}$ 1

b) $\sqrt{(7-x)^2}$ 1

c) $\dfrac{1}{\sqrt{x-7}}$ 1

3 Gib zunächst an, für welche x und y die folgenden Terme definiert sind, und stelle sie dann ohne Verwendung des Wurzelzeichens dar.

a) $(\sqrt{-x})^2$ 2

b) $\sqrt{(-9)^2 x^4 y^2}$ 2

4 Gib zwei positive irrationale Zahlen an, deren Summe rational ist. Begründe deine Antwort. 3

5 Obwohl der Radikand bei $\sqrt{2\,680\,096\,410\,000\,000\,000}$ für deinen Taschenrechner zu lang ist, kannst du die Wurzel berechnen. Wie geht das? 3

Hinweis: $16\,371^2 = 268\,009\,641$

6 Ergänze die Lücken.

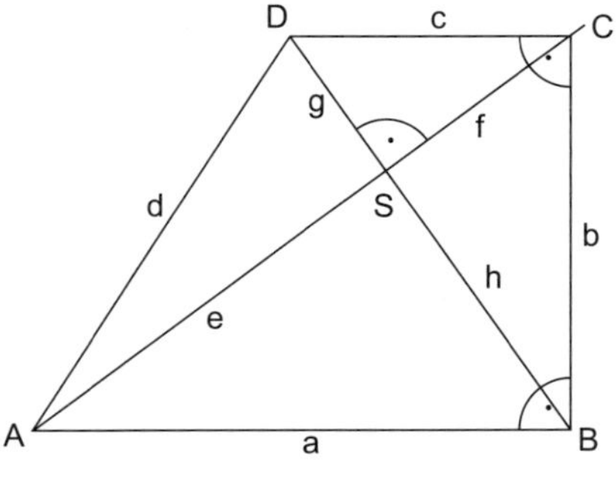

a) $g^2 = c^2 -$ ______ 1

b) $h^2 = f \cdot$ ______ 1

c) $b^2 = f \cdot$ ______ 1

d) $d^2 = g^2 +$ ______ 1

e) $(g+h) \cdot$ ______ $= c^2$ 1

f) $a^2 = e \cdot$ ______ 1

g) $b^2 -$ ______ $= f^2$ 1

h) $a : c = h :$ ______ 1

7 Die Entfernung zwischen **E**ndorf und **B**iberach kann wegen des trennenden Flusses nicht direkt gemessen werden. Man kennt allerdings die Abmessungen des rechteckigen Flurstücks ABCD:

$\overline{AB} = 1785\text{ m}$; $\overline{AD} = 410\text{ m}$

Berechne damit auf Meter genau $\overline{EB}$.

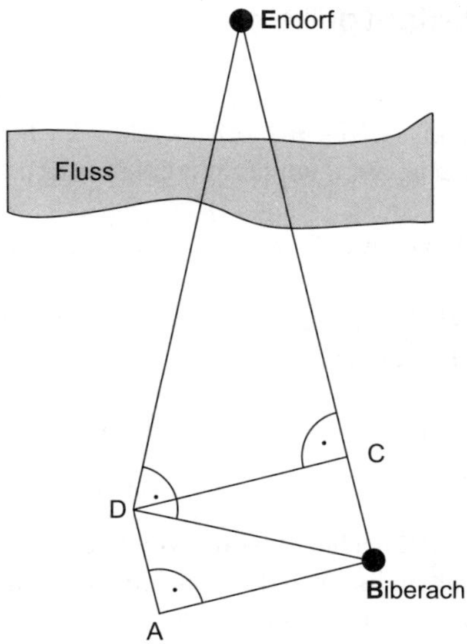

7

Hinweise und Tipps

1 Wie lauten die Rechenregeln für Wurzeln?

2 $\sqrt{a}$ ist nur dann definiert, wenn $a \geq 0$.

3 Wende die Rechenregeln für Wurzeln richtig an.

4 Wie kann man aus der Dezimalbruchentwicklung einer Zahl ablesen, ob sie rational oder irrational ist?

5 Schreibe die Riesenzahl als Produkt, bei dem ein Faktor eine Zehnerpotenz ist.

6 Suche nach rechtwinkligen Dreiecken, welche die gegebenen Strecken enthalten, und wende dann den Höhensatz bzw. den Kathetensatz bzw. den Satz von Pythagoras an. Denke auch an die Strahlensätze.

7 Berechne zunächst $\overline{BD}$.

Lösung

1 a) 1,5 Minuten,
Fehler: Weil $\sqrt{a-b} \neq \sqrt{a} - \sqrt{b}$, wenn a, b$\neq$0 und a$\neq$b, gilt nicht:
$\sqrt{81-36} = \sqrt{81} - \sqrt{36}$ 1

b) 1,5 Minuten,
korrekte Rechnung: $\sqrt{45} = \sqrt{9 \cdot 5} = \sqrt{9} \cdot \sqrt{5} = 3 \cdot \sqrt{5}$ 1

2 a) 2 Minuten,
Der Radikand darf nicht negativ sein:
$7 + x \geq 0 \;\Leftrightarrow\; x \geq -7 \;\Leftrightarrow\; \mathbb{D} = [-7; \infty[$ 1

b) 2,5 Minuten,
Der Radikand darf nicht negativ sein:
Da ein Quadrat nie negativ ist, gilt: $\mathbb{D} = \mathbb{R}$ 1

c) 2,5 Minuten,
Der Radikand darf nicht negativ und der Nenner nicht 0 sein:
$x - 7 > 0 \;\Leftrightarrow\; x > 7 \;\Leftrightarrow\; \mathbb{D} =]7; \infty[$ 1

3 a) 2 Minuten,
Der Radikand –x darf nicht negativ sein, d. h. $x \leq 0$ 1
Wurzelfreie Darstellung: $(\sqrt{-x})^2 = -x$ 1

b) 4 Minuten,
Der Radikand darf nicht negativ sein. Wegen der geraden Exponenten 4 und 2 ist dies für alle reellen Zahlen x und y erfüllt. 0,5

$\sqrt{(-9)^2 x^4 y^2} = \sqrt{81} \cdot \sqrt{x^4} \cdot \sqrt{y^2}$	Rechenregeln für Wurzeln	0,5
$= 9 \cdot \lvert x^2 \rvert \cdot \lvert y \rvert$	$\sqrt{a^2} = \lvert a \rvert$	0,5
$= 9 \cdot x^2 \cdot \lvert y \rvert$	$x^2 \geq 0$	0,5

4 4 Minuten,
0,909009000900009… und 0,090990999099990… sind irrationale Zahlen, weil ihre Dezimalbruchentwicklung unendlich und nicht periodisch ist. 2
Ihre Summe ist die Zahl 0,9999999999999999… . Diese ist rational, weil ihre Dezimalbruchentwicklung unendlich periodisch ist. 1
(übrigens ist $0{,}999999999999999\ldots = 0{,}\overline{9} = 1$)

5 5 Minuten,

$\sqrt{2\,680\,096\,410\,000\,000\,000}$

$= \sqrt{268\,009\,641 \cdot 10\,000\,000\,000}$ 0,5

$= \sqrt{16\,371^2 \cdot 10^{10}}$ 0,5

$= \sqrt{16\,371^2} \cdot \sqrt{10^{10}}$ 0,5

$= 16\,371 \cdot 10^5$ 1

$= 1\,637\,100\,000$ 0,5

6 a) 1,5 Minuten,
$g^2 = c^2 - \mathbf{f^2}$ Pythagoras am Dreieck CDS 1

b) 1,5 Minuten,
$h^2 = f \cdot \mathbf{e}$ Höhensatz am Dreieck ABC 1

c) 1,5 Minuten,
$b^2 = f \cdot \mathbf{(e+f)}$ Kathetensatz am Dreieck ABC 1

d) 1,5 Minuten,
$d^2 = g^2 + \mathbf{e^2}$ Pythagoras am Dreieck ASD 1

e) 1,5 Minuten,
$(g+h) \cdot \mathbf{g} = c^2$ Kathetensatz am Dreieck BCD 1

f) 1,5 Minuten,
$a^2 = e \cdot \mathbf{(e+f)}$ Kathetensatz am Dreieck ABC 1

g) 1,5 Minuten,
$b^2 - \mathbf{h^2} = f^2$ Pythagoras am Dreieck BCS 1

h) 1,5 Minuten,
$a : c = h : \mathbf{g}$ 2. Strahlensatz an der X-Figur DCSAB 1

7 8 Minuten, /

Berechnung von $\overline{BD}$ mithilfe des Satzes von Pythagoras am Dreieck ABD:

$\overline{BD}^2 = \overline{AB}^2 + \overline{AD}^2$ 1

$\Rightarrow \quad \overline{BD} = \sqrt{\overline{AB}^2 + \overline{AD}^2}$ 1

$= \sqrt{1\,785^2 + 410^2}\ \text{m}$ 1

$\approx 1\,831{,}5\ \text{m}$ 1

Berechnung von $\overline{EB}$ mithilfe des Kathetensatzes am Dreieck BED:

$\overline{BD}^2 = \overline{BC} \cdot \overline{EB}$ 1

$\Rightarrow \quad \overline{EB} = \dfrac{\overline{BD}^2}{\overline{BC}}$ 1

$= \dfrac{1\,831{,}5^2}{410}\ \text{m} \approx 8\,181\ \text{m}$ 1

Schulaufgabe 5

BE

1 Beseitige bei folgenden Termen im Nenner die Wurzel und vereinfache anschließend. x vertritt dabei eine positive reelle Zahl.

a) $\frac{21}{\sqrt{7}}$ 1

b) $\frac{x+3}{\sqrt{3+x}}$ 1

c) $\frac{2}{\sqrt{3}-\sqrt{27}}$ 2

2 Evi berechnet $\sqrt{a}$ mithilfe des Heron-Verfahrens. Für die ersten beiden Näherungswerte findet sie $x_1 = 2$ und $x_2 = \frac{7}{4}$.
Wie lautet a und welchen Startwert x_0 hat Evi verwendet?
Hinweis: Der Startwert ist eine natürliche Zahl. 4

3 Berechne jeweils alle Lösungen folgender Gleichungen über der Grundmenge $\mathbb{R}$.

a) $\sqrt{(x-2)^2} = x-2$ 2

b) $3x^2 - 27 = 0$ 2

c) $\sqrt{64} \cdot x - \sqrt{64x^2} = 0$ 2

d) $64x^2 = 4x$ 2

4 Das rechtwinklige Dreieck ABC wird durch CD in zwei Dreiecke gleichen Flächeninhalts zerlegt.

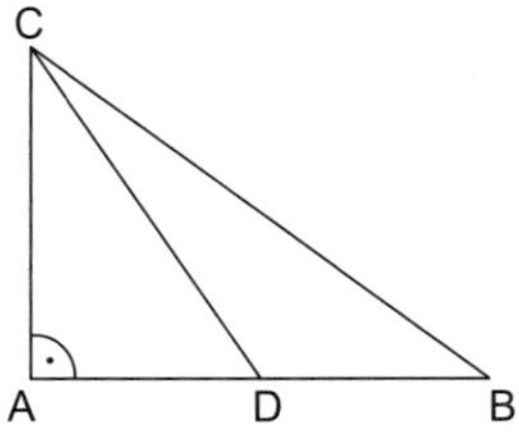

a) Zeige, dass D der Mittelpunkt der Strecke [AB] ist. 2

b) Berechne $\overline{BC}$ auf Meter genau, wenn das Dreieck ADC den Flächeninhalt 480 m² besitzt und $\overline{AC} = 40$ m ist. 4

5 Aus dem 6,80 m langen geraden Erdstammteil einer Buche soll mit einem Schwartensägegatter ein Holzbalken mit rechteckigem Querschnitt herausgesägt werden. Der Stamm hat die Form eines Zylinders mit dem Grundkreisradius r = 40 cm.
Fertige eine saubere, beschriftete Überlegungsfigur an und berechne die größtmögliche Breite x des Balkens, wenn seine Höhe y = 60 cm beträgt.

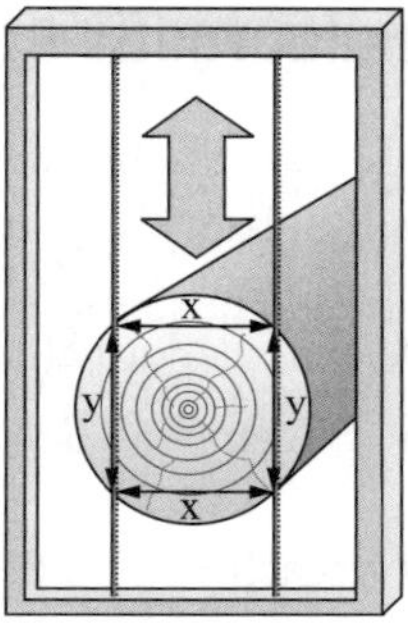

4

6 Der **LHC** (**L**arge **H**adron **C**ollider) ist ein Teilchenbeschleuniger für Hadronen – eine bestimmte Sorte von Elementarteilchen –, der im September 2008 vom Europäischen Kernforschungszentrum CERN bei Genf in Betrieb genommen wurde.
Das nebenstehende Bild zeigt einen Blick in den LHC-Tunnel, der einen Durchmesser von 4,40 m besitzt und in Form eines ca. 27 km langen Rings ca. 100 m unter der Erde verläuft.
Kreuze nach entsprechender Rechnung an, welcher der angegebenen Werte der effektiven Tunnelhöhe am nächsten kommt, wenn die effektive Breite 2,80 m beträgt.

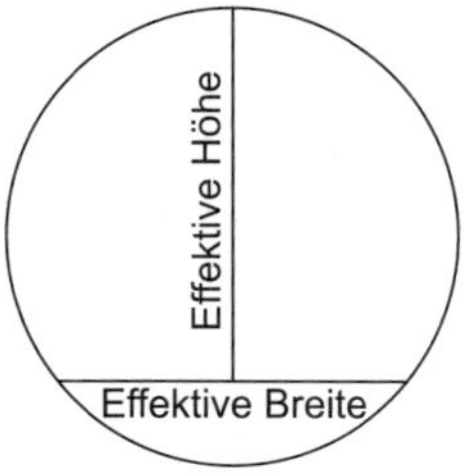

4

☐ 4,10 m ☐ 4,00 m ☐ 3,90 m ☐ 3,80 m ☐ 3,70 m

Hinweise und Tipps

1 • Erweitere bei a und b jeweils mit dem Nenner.
• Radiziere bei c teilweise und fasse dann im Nenner zusammen.

2 • Herons Formel lautet: $x_{n+1} = \frac{1}{2}\left(x_n + \frac{a}{x_n}\right)$
• Beginne mit der Berechnung von a.

3 • Beachte bei a, dass $\sqrt{a^2} = |a|$ und dass $|a| = a \Leftrightarrow a \geq 0$.
• Die Gleichung bei b lässt sich in die Form $x^2 = a$ bringen.
• Die Gleichung bei c lässt sich in die Form $x = |x|$ bringen.
• Sammle alle Terme bei d mit x auf einer Seite und klammere x aus.

4 • Für den Inhalt einer Dreiecksfläche gilt: $\frac{\text{Grundlinie} \cdot \text{Höhe}}{2}$
• Berechne zunächst $\overline{AD}$. Wende dann den Satz des Pythagoras am Dreieck ABC an.

5 Denke an die Diagonale im Rechteck.

6 • Finde ein Dreieck, für das der Kreis Thaleskreis ist, und wende den Höhensatz an.
• Die damit gefundene Gleichung für die effektive Höhe kannst du mit deinem momentanen Kenntnisstand noch nicht lösen. Überprüfe daher durch Einsetzen, welcher der Werte passt.

Lösung

1 a) 3 Minuten

$\frac{21}{\sqrt{7}}$		
$=\frac{21\cdot\sqrt{7}}{\sqrt{7}\cdot\sqrt{7}}$	Erweitern	0,5
$=\frac{21\cdot\sqrt{7}}{7}$	$\sqrt{a}\cdot\sqrt{a}=a$	
$=3\cdot\sqrt{7}$	Kürzen	0,5

b) 3 Minuten

$\frac{x+3}{\sqrt{3+x}}$		
$=\frac{(x+3)\cdot\sqrt{3+x}}{\sqrt{3+x}\cdot\sqrt{3+x}}$	Erweitern	0,5
$=\frac{(x+3)\cdot\sqrt{3+x}}{3+x}$	$\sqrt{a}\cdot\sqrt{a}=a$	
$=\sqrt{3+x}$	Kürzen	0,5

c) 3 Minuten

$\frac{2}{\sqrt{3}-\sqrt{27}}$		
$=\frac{2}{\sqrt{3}-3\sqrt{3}}$	teilweise radizieren	0,5
$=\frac{2}{-2\sqrt{3}}$	Zusammenfassen gleichartiger Terme	0,5
$=-\frac{1}{\sqrt{3}}$	Kürzen	0,5
$=-\frac{1\cdot\sqrt{3}}{\sqrt{3}\cdot\sqrt{3}}$	Erweitern	
		0,5
$=-\frac{\sqrt{3}}{3}$	$\sqrt{a}\cdot\sqrt{a}=a$	

2 6 Minuten,

Berechnung von a:

$\frac{7}{4}=\frac{1}{2}\cdot\left(2+\frac{a}{2}\right)$	Einsetzen von x_2 und x_1 in die Heron-Formel	1
$\frac{7}{4}=1+\frac{a}{4}$	Distributivgesetz	0,5
$\frac{3}{4}=\frac{a}{4}$	Subtraktion von 1 auf beiden Seiten	0,5
$a=3$	Multiplikation mit 4 auf beiden Seiten	0,5

Berechnung des Startwerts:

$2=\frac{1}{2}\left(x_0+\frac{3}{x_0}\right)$	Einsetzen von x_1 und a in die Heron-Formel	0,5
$4=x_0+\frac{3}{x_0}$	Multiplikation mit 2 auf beiden Seiten	0,5
$x_0=1$	Mithilfe des Hinweises findet man x_0 durch Raten.	0,5

3 a) 2,5 Minuten,

$\sqrt{(x-2)^2}=x-2$		
$\lvert x-2\rvert=x-2$	$\sqrt{a^2}=\lvert a\rvert$	0,5
$\Leftrightarrow\quad x-2\geq 0$	$\lvert a\rvert=a \quad\Leftrightarrow\quad a\geq 0$	0,5
$\Leftrightarrow\quad x\geq 2$		0,5
$\Rightarrow\quad \mathbb{L}=[2;\infty[$		0,5

b) 2,5 Minuten,

$3x^2-27=0$		
$3x^2=27$	auf beiden Seiten 27 addieren	0,5
$x^2=9$	auf beiden Seiten durch 3 dividieren	0,5
$\lvert x\rvert=3$	Radizieren	0,5
$\Rightarrow\quad \mathbb{L}=\{-3;+3\}$		0,5

c) 2,5 Minuten,

$\sqrt{64}\cdot x-\sqrt{64x^2}=0$		
$\sqrt{64}\cdot x-\sqrt{64}\cdot\sqrt{x^2}=0$	Rechenregeln für Wurzeln	0,5
$x-\sqrt{x^2}=0$	auf beiden Seiten durch $\sqrt{64}$ dividieren	0,5
$x-\lvert x\rvert=0$	Radizieren	0,5
$x=\lvert x\rvert$	auf beiden Seiten $\lvert x\rvert$ addieren	
$\Rightarrow\ \mathbb{L}=[0;\infty[$	$\lvert a\rvert=a \Leftrightarrow a\geq 0$	0,5

d) 2,5 Minuten,

$64x^2=4x$		
$16x^2=x$	auf beiden Seiten durch 4 dividieren	
$16x^2-x=0$	auf beiden Seiten x subtrahieren	0,5
$x\cdot(16x-1)=0$	x ausklammern	0,5
$x_1=0$ bzw. $16x_2-1=0$	Ein Produkt ist genau dann 0, wenn mindestens ein Faktor 0 ist.	0,5
$x_1=0$ bzw. $16x_2=1$	auf beiden Seiten 1 addieren	
$x_1=0$ bzw. $x_2=\frac{1}{16}$	auf beiden Seiten durch 16 dividieren	0,5
$\Rightarrow\ \mathbb{L}=\left\{0;\frac{1}{16}\right\}$		

4 a) 4 Minuten,

$\left.\begin{array}{l} A_{\text{Dreieck ADC}}=\frac{\overline{AD}\cdot\overline{AC}}{2} \\ A_{\text{Dreieck DBC}}=\frac{\overline{DB}\cdot\overline{AC}}{2}\end{array}\right\}$	Flächenformel für Dreiecke	0,5
$\Rightarrow\ \frac{\overline{AD}\cdot\overline{AC}}{2}=\frac{\overline{DB}\cdot\overline{AC}}{2}$	Die Flächeninhalte sind gleich.	0,5
$\overline{AD}\cdot\overline{AC}=\overline{DB}\cdot\overline{AC}$	auf beiden Seiten mit 2 multiplizieren	0,5
$\overline{AD}=\overline{DB}$	auf beiden Seiten durch $\overline{AC}$ dividieren	0,5

$\Rightarrow$ D ist Mittelpunkt der Strecke [AB].

b) 4 Minuten, /

Berechnung von $\overline{AD}$:

$A_{\text{Dreieck ACD}} = \dfrac{\overline{AD} \cdot \overline{AC}}{2}$	Flächenformel für Dreiecke	
$\Rightarrow \quad \overline{AD} = \dfrac{2 \cdot A_{\text{Dreieck ACD}}}{\overline{AC}}$	nach $\overline{AD}$ auflösen	1
$\Rightarrow \quad \overline{AD} = \dfrac{2 \cdot 480\ \text{m}^2}{40\ \text{m}} = 24\ \text{m}$	Werte einsetzen	1

Berechnung von $\overline{BC}$:

$\overline{BC}^2 = \overline{AC}^2 + \overline{AB}^2$	Pythagoras am Dreieck ABC	1
$\overline{BC}^2 = (40\ \text{m})^2 + (2 \cdot 24\ \text{m})^2 = 3\,904\ \text{m}^2$	D ist Mittelpunkt der Strecke [AB].	
$\overline{BC} = \sqrt{3\,904\ \text{m}^2} \approx 62\ \text{m}$		1

5 5 Minuten,

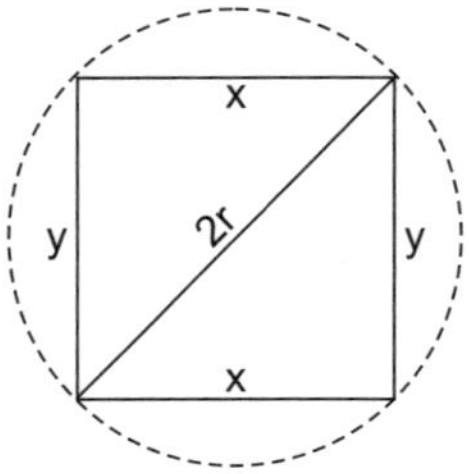

1

$x^2 + y^2 = (2r)^2$	Satz des Pythagoras	1
$x^2 = (2r)^2 - y^2$	auf beiden Seiten y^2 subtrahieren	0,5
$x = \sqrt{(2r)^2 - y^2}$	Radizieren, $x > 0$	0,5
$\Rightarrow \quad x = \sqrt{(2 \cdot 40\ \text{cm})^2 - (60\ \text{cm})^2}$	Zahlenwerte einsetzen	0,5
$x = \sqrt{2\,800}\ \text{cm} \approx 53\ \text{cm}$		0,5

6 7 Minuten,

Das Dreieck ABC besitzt bei C nach dem Satz von Thales einen rechten Winkel. 1

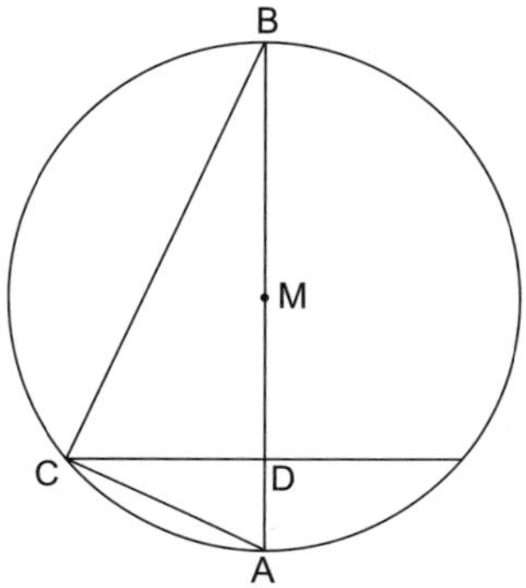

$$\overline{CD}^2 = \overline{AD} \cdot \overline{DB}$$

Höhensatz am Dreieck ABC

$$\Rightarrow \quad \overline{CD}^2 = (2r - \overline{DB}) \cdot \overline{DB}$$

$\overline{AD} = 2r - \overline{DB}$ 1,5

$$\Rightarrow \quad (1{,}40\ \text{m})^2 = (4{,}40\ \text{m} - \overline{DB}) \cdot \overline{DB}$$

$\overline{CD}$ entspricht der halben effektiven Breite.

$$1{,}96\ \text{m}^2 = (4{,}40\ \text{m} - \overline{DB}) \cdot \overline{DB}$$

Überprüfung der vorgegebenen Werte durch Einsetzen:

$(4{,}40 - 4{,}10) \cdot 4{,}10 = 1{,}23 \neq 1{,}96$

$(4{,}40 - 4{,}00) \cdot 4{,}00 = 1{,}60 \neq 1{,}96$

$(4{,}40 - 3{,}90) \cdot 3{,}90 = 1{,}95 \approx 1{,}96$

$(4{,}40 - 3{,}80) \cdot 3{,}80 = 2{,}28 \neq 1{,}96$

$(4{,}40 - 3{,}70) \cdot 3{,}70 = 2{,}59 \neq 1{,}96$

Am besten passt der Wert 3,90 m. 1,5

Schulaufgaben zum Themenbereich 2

- **Quadratische Gleichungen**
- **Quadratische Funktionen**

Schulaufgabe 6

BE

1 a) Löse die Gleichung $6x^2 - x - 1 = 0$ über der Grundmenge $\mathbb{R}$ mithilfe der Lösungsformel. 4

b) Schreibe den Term auf der linken Gleichungsseite als Produkt. 2

2

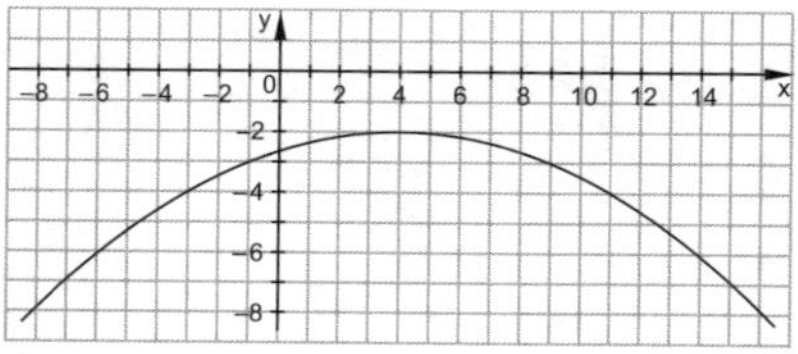

Der Viaduc de Viaur ist Teil der Eisenbahnlinie Albi–Rodez in den Cevennen. Er war die erste stählerne Großbrücke Frankreichs. Der Verlauf des Mittelbogens lässt sich näherungsweise durch den daneben gezeichneten Graphen einer quadratischen Funktion beschreiben.
Stelle die zugehörige Funktionsgleichung in der Form $y = ax^2 + bx + c$ auf. Entnimm die dafür benötigten Daten der Skizze. 6

3 Gegeben ist die auf $\mathbb{R}$ definierte quadratische Funktion
$f\colon x \mapsto -x^2 + 3x + 2$. Ihr Graph wird im Weiteren mit G_f bezeichnet.

a) Berechne die Scheitelkoordinaten. 3

b) Wie lautet die Wertemenge W_f? 2

c) Zeichne G_f in ein geeignetes Koordinatensystem. 2

d) Bestimme grafisch den Wert von t, für den die Gerade $y = x + t$ den Graph G_f berührt. 3

4 In die gefärbte Dreiecksfläche werden zwischen den Koordinatenachsen und der Geraden g rechtwinklige Dreiecke OXP einbeschrieben.

a) Drücke den Flächeninhalt A(x) des Dreiecks OPX durch die Strecke $x = \overline{OX}$ aus. 5
(Kontrollergebnis: $A(x) = -x^2 + 18x$)

b) Welches der Dreiecke OPX besitzt den größten Flächeninhalt?
Wie groß ist dieser? 3

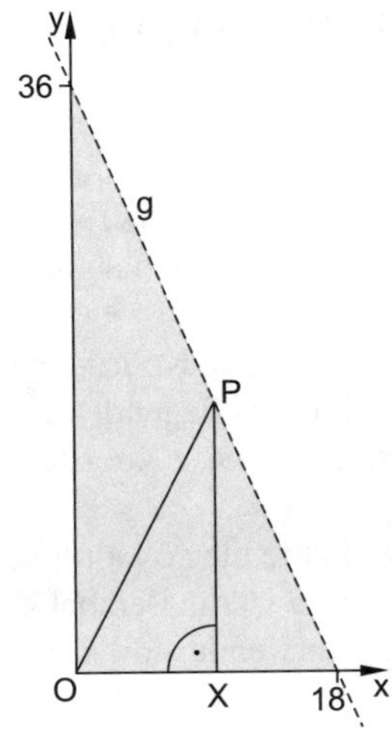

Hinweise und Tipps

1
- Die Lösungsformel für eine Gleichung der Form $ax^2 + bx + c = 0$ lautet:
  $x_{1,2} = \frac{-b \pm \sqrt{b^2 - 4ac}}{2a}$
- Erinnere dich an den Satz über die Linearfaktorzerlegung.

2
- Finde die Koordinaten des Parabelscheitels und eines weiteren auf der Parabel liegenden Punktes.
- Setze diese Koordinaten in die Scheitelform der Parabelgleichung ein.

3
- Führe eine quadratische Ergänzung durch.
- Wie ist die Parabel geöffnet? Eine Koordinate des Scheitels hilft weiter.
- Verwende zum Zeichnen von G_f die Schablone der Normalparabel.
- Welche Gemeinsamkeiten hat die Winkelhalbierende des 1. Quadranten mit der Geraden $y = x + t$?

4
- Für den Inhalt A einer Dreiecksfläche gilt: $A = \frac{\text{Grundlinie} \cdot \text{Höhe}}{2}$
- P liegt auf der Geraden.
- Wie findet man den größten Funktionswert einer nach unten offenen Parabel?

Lösung

1 a) 5 Minuten,

Durch Einsetzen von $a = 6$; $b = -1$; $c = -1$ in die Lösungsformel erhält man:

$$x_{1,2} = \frac{-b \pm \sqrt{b^2 - 4ac}}{2a}$$ 1

$$x_{1,2} = \frac{-(-1) \pm \sqrt{(-1)^2 - 4 \cdot 6 \cdot (-1)}}{2 \cdot 6}$$ 0,5

$$x_{1,2} = \frac{1 \pm \sqrt{1 + 24}}{12}$$ 0,5

$$x_{1,2} = \frac{1 \pm \sqrt{25}}{12}$$ 0,5

$$x_{1,2} = \frac{1 \pm 5}{12}$$ 0,5

$$x_1 = \frac{6}{12} = \frac{1}{2} \quad \text{und} \quad x_2 = \frac{-4}{12} = -\frac{1}{3}$$

$$\Rightarrow \quad \mathbb{L} = \left\{-\frac{1}{3}; \frac{1}{2}\right\}$$ 1

b) 2 Minuten,

$6x^2 - x - 1 = 6 \cdot \left(x - \frac{1}{2}\right) \cdot \left(x + \frac{1}{3}\right)$	Satz über die Linearfaktorzerlegung	2

2 8 Minuten,

$y = a(x-4)^2 - 2$	Parabelscheitel $S(4 \mid -2)$, Scheitelform	2
$-4 = a(11-4)^2 - 2$	$P(11 \mid -4)$ liegt auf der Parabel, einsetzen	1,5
$-4 = a \cdot 7^2 - 2$	Zusammenfassen in der Klammer	
$-2 = a \cdot 49$	auf beiden Seiten 2 addieren	0,5
$a = -\frac{2}{49}$	auf beiden Seiten durch 49 dividieren	0,5

Die Scheitelform der Parabelgleichung lautet also:

$$y = -\frac{2}{49} \cdot (x-4)^2 - 2$$ 0,5

Umformen in die geforderte Form:

$y=-\frac{2}{49}\cdot(x-4)^2-2$		
$y=-\frac{2}{49}\cdot(x^2-8x+16)-2$	binomische Formel	0,5
$y=-\frac{2}{49}x^2+\frac{16}{49}x-\frac{32}{49}-\frac{98}{49}$	Distributivgesetz	
$y=-\frac{2}{49}x^2+\frac{16}{49}x-\frac{130}{49}$	Zusammenfassen	0,5

3 a) 5 Minuten,

Die Scheitelkoordinaten der Parabel mit der Gleichung $y=-x^2+3x+2$ findet man mithilfe quadratischer Ergänzung:

$y=-(x^2-3x-2)$	Ausklammern des vor x^2 stehenden Koeffizienten –1	0,5
$y=-\left(x^2-3x+\frac{9}{4}-\frac{9}{4}-2\right)$	quadratische Ergänzung	1
$y=-\left[\left(x-\frac{3}{2}\right)^2-\frac{17}{4}\right]$	binomische Formel	0,5
$y=-\left(x-\frac{3}{2}\right)^2+\frac{17}{4}$	Ausmultiplizieren	0,5
Die Scheitelkoordinaten lauten: $S\left(\frac{3}{2}\,\middle|\,\frac{17}{4}\right)$	Ablesen der Scheitelkoordinaten	0,5

b) 3 Minuten,

Da die Parabel nach unten offen ist (der Koeffizient von x^2 ist negativ) und der Scheitel die y-Koordinate $\frac{17}{4}$ besitzt, lautet die Wertemenge:

$W=\left]-\infty;\frac{17}{4}\right]$ 2

c) 5 Minuten,
Da der Koeffizient von x^2 den Betrag 1 besitzt, lässt sich der Graph mithilfe der Parabelschablone zeichnen. Man legt sie mit der Öffnung nach unten so, dass ihr Scheitel im Punkt $\left(\frac{3}{2} \middle| \frac{17}{4}\right)$ liegt. 2

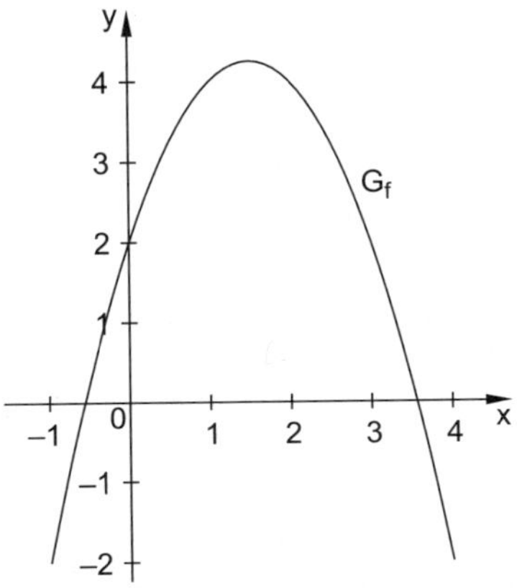

d) 5 Minuten, /
Da die Gerade $y = x + t$ die Steigung 1 besitzt – also parallel zur Winkelhalbierenden des 1. Quadranten verläuft – legt man das Geodreieck so, dass eine seiner Katheten parallel zur x-Achse liegt und die Hypotenuse von links unten nach rechts oben verläuft. 1
Ohne diese Richtungen zu verändern, verschiebt man das Geodreieck so lange, bis seine Hypotenuse die Parabel tangiert. 1
Die Hypotenuse verläuft dann durch den Punkt $(0|3)$. Daher gilt $t = 3$. 1

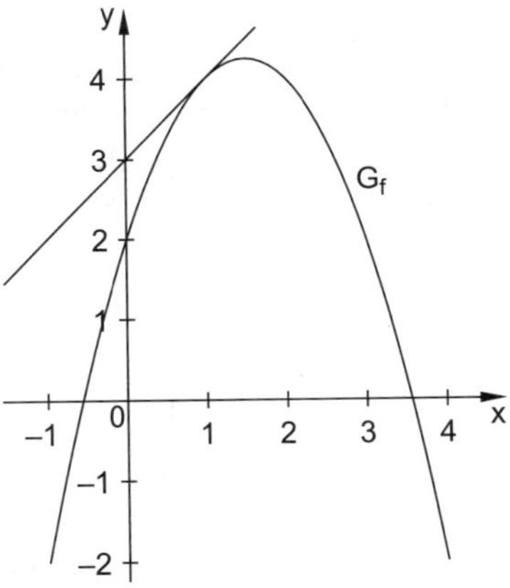

4 a) 7 Minuten,
Aufstellen der Geradengleichung:
$y = mx + t$

- $t = 36$, weil g die y-Achse im Punkt $(0|36)$ schneidet. 1
- $m = -\frac{36}{18} = -2$, weil die y-Kathete des Steigungsdreiecks 36, die x-Kathete 18 ist, und die Gerade von links oben nach rechts unten (Minuszeichen) verläuft. 1

Insgesamt folgt: $y = -2x + 36$

Berechnung der Dreiecksfläche:

(1) $A_{\text{Dreieck OXP}} = \dfrac{\overline{OX} \cdot \overline{PX}}{2}$	Flächeninhalt eines Dreiecks	
(2) $\overline{OX} = x$	Grundlinie	
(3) $\overline{PX} = -2x + 36$	Die Dreieckshöhe ist der Funktionswert der linearen Funktion an der Stelle x.	2
$A(x) = \dfrac{x \cdot (-2x + 36)}{2}$	(2) und (3) in (1) einsetzen	
$= \dfrac{-2x^2 + 36x}{2}$	Ausmultiplizieren	0,5
$= -x^2 + 18x$	Kürzen	0,5

b) 5 Minuten, /

Da die Dreiecksfläche durch die Gleichung $A(x) = -x^2 + 18x$ beschrieben wird, stimmt der Wert des größten Flächeninhalts mit dem größten Funktionswert der Parabel $y = -x^2 + 18x$ überein. 1

Das ist aber die y-Koordinate des Parabelscheitels, da die zu $y = -x^2 + 18x$ gehörende Parabel nach unten offen ist.

Die x-Koordinate des Scheitels liegt in der Mitte der Parabelnullstellen.

Berechnung der Nullstellen:

$-x^2 + 18x = 0$		
$x(-x + 18) = 0$	Ausklammern	
$\Leftrightarrow \quad x = 0 \;\vee\; x = 18$	Ein Produkt ist genau dann 0, wenn mindestens ein Faktor 0 ist.	1

Die x-Koordinate des Scheitels hat daher den Wert 9 und das Dreieck mit $x = 9$ besitzt den größten Flächeninhalt. 0,5

$A(9) = -9^2 + 18 \cdot 9 = -81 + 162 = 81$ 0,5

Schulaufgabe 7

BE

1 Stelle die Gleichung der Parabel auf, auf der die Punkte A(1 | 4), B(–1 | 6) und C(2 | 9) liegen. 5

2 Jakob hat für die grafische Lösung einer quadratischen Gleichung nebenstehende Skizze angefertigt.

a) Gib eine möglichst einfache Form für die Gleichung an, die er lösen will. 5

b) Welche Lösungen findet er mit seiner Skizze? 1

c) Berechne die exakten Lösungen und vergleiche mit den Ergebnissen aus Teilaufgabe b. 3

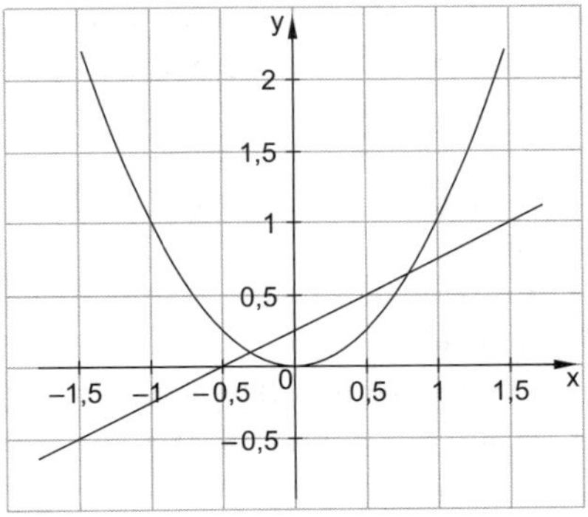

3 Gib jeweils eine quadratische Gleichung in der Form $x^2 + px + q = 0$ an, bei der $p \neq 0$ ist, und die

a) keine Lösungen 1,5

b) nur die Lösung –3 1,5

c) die Lösungen 0 und –3 1,5

d) die Lösungen –3 und +1 1,5

besitzt. Begründe deine Aussagen.

4 Berechne über der Grundmenge ℝ die Definitions- und Lösungsmenge folgender Bruchgleichung:

$$\frac{x+3}{x-3} - \frac{x-3}{x+3} = \frac{2x^2}{x^2-9}$$ 5

5 There are 50 apple trees in an orchard. Each tree produces 800 apples. For each additional tree planted in the orchard, the output per tree drops by 10 apples.
How many trees should be added to the existing orchard in order to maximize the total output of apples? What's the maximized output? 5

Hinweise und Tipps

1 Stelle ein Gleichungssystem mit 3 Gleichungen und 3 Unbekannten auf. Die Unbekannten sind die Koeffizienten a, b, c der Parabelgleichung $y = ax^2 + bx + c$.

2
- Stelle die Funktionsgleichungen der dargestellten Graphen auf.
- Verwende das Geodreieck und schätze auf 1 Stelle hinter dem Komma ab.
- Die in Teilaufgabe a gesuchte Gleichung lautet $4x^2 - 2x - 1 = 0$.

3 Verwende den Graphen der zur Gleichung gehörenden quadratischen Funktion.
- Verschiebe bei a die Normalparabel so, dass sie die x-Achse nicht schneidet.
- Verschiebe bei b die Normalparabel so, dass ihr Scheitel in $S(-3\,|\,0)$ liegt.
- Wann ist ein Produkt $(x + a)(x + b)$ von Linearfaktoren 0?

4 Achte auf die Nenner und multipliziere auf beiden Seiten mit dem Hauptnenner.

5 You are not keen on practising English. Try to solve the problem by using the translation.

In einem Obstgarten stehen 50 Apfelbäume. Jeder liefert einen Ertrag von 800 Äpfeln. Für jeden zusätzlich gepflanzten Baum sinkt der Ertrag pro Baum um 10 Äpfel.
Wie viele Bäume muss man zusätzlich pflanzen, um den Ertrag aller Bäume zu maximieren? Wie hoch ist der Maximalertrag?

Bezeichne mit x die Anzahl der zusätzlich gepflanzten Bäume und stelle eine quadratische Gleichung mit x als Unbekannte auf.

Lösung

1 8 Minuten,

Man setzt die Koordinaten der Punkte A, B, C in die allgemeine Gleichung $y = ax^2 + bx + c$ einer Parabel ein und erhält folgendes Gleichungssystem aus drei Gleichungen mit den Unbekannten a, b, c:

$4 = a \cdot 1^2 + b \cdot 1 + c \quad \Rightarrow \quad (1) \quad a + b + c = 4$

$6 = a \cdot (-1)^2 + b \cdot (-1) + c \quad \Rightarrow \quad (2) \quad a - b + c = 6$ 1

$9 = a \cdot 2^2 + b \cdot 2 + c \quad \Rightarrow \quad (3) \quad 4a + 2b + c = 9$

$(a + b + c) - (a - b + c) = 4 - 6$	(1) – (2)	0,5
$2b = -2$	Zusammenfassen	
$\Rightarrow \quad b = -1$	auf beiden Seiten durch 2 dividieren	0,5
$(2)^* \quad a - (-1) + c = 6$ $(3)^* \quad 4a + 2 \cdot (-1) + c = 9$	b in (2) und (3) einsetzen	0,5
$(2)^* \quad a + 1 + c = 6 \quad \Rightarrow \quad (2)^{**} \quad a + c = 5$	auf beiden Seiten 1 subtrahieren	0,5
$(3)^* \quad 4a - 2 + c = 9 \Rightarrow \quad (3)^{**} \quad 4a + c = 11$	auf beiden Seiten 2 addieren	
$(4a + c) - (a + c) = 11 - 5$	(3)** – (2)**	0,5
$3a = 6$	Zusammenfassen	
$\Rightarrow \quad a = 2$	auf beiden Seiten durch 3 dividieren	0,5
$2 + (-1) + c = 4$	a und b in (1) einsetzen	0,5
$1 + c = 4$	Zusammenfassen	
$\Rightarrow \quad c = 3$	auf beiden Seiten 1 subtrahieren	0,5

Die gesuchte Gleichung lautet: $y = 2x^2 - x + 3$

2 a) 6 Minuten,

Die Lösungen der gesuchten Gleichung sind die x-Koordinaten der Punkte, in denen sich Parabel und Gerade schneiden. 0,5

Da die Parabel durch die Punkte $(0\,|\,0)$ und $(1\,|\,1)$ verläuft, handelt es sich um die Normalparabel. Ihre Gleichung lautet: $y = x^2$ 1

Zwei eindeutig aus der Grafik ablesbare Punkte, durch welche die Gerade verläuft, sind $P(-0{,}5\,|\,0)$ und $Q(1{,}5\,|\,1)$.

Steigung der Geraden: $m = \dfrac{y_Q - y_P}{x_Q - x_P} = \dfrac{1 - 0}{1{,}5 - (-0{,}5)} = \dfrac{1}{2}$ 1

vorläufige Geradengleichung: $y = mx + t = \dfrac{1}{2}x + t$

Berechnung des Achsenabschnitts t durch Einsetzen der Koordinaten von P oder Q in die vorläufige Geradengleichung, hier Einsetzen von P:

$0=\frac{1}{2}\cdot(-0,5)+t=-\frac{1}{4}+t \quad \Rightarrow \quad t=\frac{1}{4}$ 1

Gleichung der Geraden: $y=\frac{1}{2}x+\frac{1}{4}$

Die gesuchte Gleichung erhält man durch Gleichsetzen der y-Koordinaten von Parabel und Gerade:

$x^2=\frac{1}{2}x+\frac{1}{4}$ 1

$x^2-\frac{1}{2}x-\frac{1}{4}=0$ — auf beiden Seiten $\frac{1}{2}x+\frac{1}{4}$ subtrahieren

$4x^2-2x-1=0$ — auf beiden Seiten mit 4 multiplizieren

Eine mögliche Form für die gesuchte Gleichung lautet:
$4x^2-2x-1=0$ 0,5

b) 2 Minuten,
Die x-Koordinaten der Schnittpunkte und damit die Lösungen der Gleichung lauten im Rahmen der Ablesegenauigkeit:
$x_1\approx-0,3$ und $x_2\approx0,8$ 1

c) 5 Minuten, /
$4x^2-2x-1=0$

$x_{1,2}=\frac{-(-2)\pm\sqrt{(-2)^2-4\cdot4\cdot(-1)}}{2\cdot4}$ — Einsetzen von $a=4$, $b=-2$, $c=-1$ in die Lösungsformel 0,5

$x_{1,2}=\frac{2\pm\sqrt{20}}{8}$ — Zusammenfassen 0,5

$x_{1,2}=\frac{2\pm\sqrt{4}\cdot\sqrt{5}}{8}$

$x_{1,2}=\frac{2\pm2\sqrt{5}}{8}$ — teilweise radizieren 0,5

$x_1=\frac{1-\sqrt{5}}{4}\approx-0,3090169943$ 0,5

mit 2 kürzen

$x_2=\frac{1+\sqrt{5}}{4}\approx0,8090169943$ 0,5

Im Rahmen der Ablesegenauigkeit stimmen die der Grafik entnommenen und die berechneten Werte gut überein. 0,5

3 a) 2 Minuten,
Die Gleichung $(x-1)^2+1=0$ besitzt keine Lösungen, da für alle reellen x gilt: $\underbrace{(x-1)^2}_{\geq 0}+1 \geq 1$

$(x-1)^2+1=x^2-2x+1+1=x^2-2x+2$ ist also eine mögliche Lösung. 1,5

b) 2 Minuten,
Die Parabel mit der Gleichung $y=(x+3)^2$ hat außer ihrem Scheitel $S(-3\,|\,0)$ keinen weiteren Punkt mit der x-Achse gemeinsam.
Wegen $(x+3)^2=x^2+6x+9$ besitzt daher die Gleichung $x^2+6x+9=0$ nur die Lösung –3. 1,5

c) 2 Minuten,
Da ein Produkt genau dann 0 ist, wenn mindestens ein Faktor 0 ist, besitzt die Gleichung $x(x+3)=0$ die Lösungen 0 und –3.
Ausmultiplizieren führt auf die gesuchte Gleichung $x^2+3x=0$. 1,5

d) 2 Minuten,
Da ein Produkt genau dann 0 ist, wenn mindestens ein Faktor 0 ist, besitzt die Gleichung $(x-1)\cdot(x+3)=0$ die Lösungen 1 und –3.
Wegen $(x-1)\cdot(x+3)=x^2+3x-x-3=x^2+2x-3$ lautet die gesuchte Gleichung $x^2+2x-3=0$. 1,5

4 6 Minuten, /
Zur Definitionsmenge gehören die Zahlen, für welche die Nenner nicht 0 werden. Wegen

$x-3=0 \;\Leftrightarrow\; x=3$ 0,5

$x+3=0 \;\Leftrightarrow\; x=-3$ 0,5

$x^2-9=0 \;\Leftrightarrow\; x^2=9 \;\Leftrightarrow\; |x|=3 \;\Rightarrow\; x_1=3;\; x_2=-3$ 0,5

lautet die Definitionsmenge $D=\mathbb{R}\setminus\{-3; +3\}$. 0,5

Der Hauptnenner der Bruchgleichung lautet $x^2-9=(x+3)\cdot(x-3)$.

$$\frac{x+3}{x-3}-\frac{x-3}{x+3}=\frac{2x^2}{x^2-9}$$

$$(x+3)^2-(x-3)^2=2x^2$$ beidseitiges Multiplizieren mit dem Hauptnenner und anschließendes Kürzen 1

$$x^2+6x+9-(x^2-6x+9)=2x^2$$ binomische Formeln 0,5

$$x^2+6x+9-x^2+6x-9=2x^2$$ Klammern auflösen

$12x = 2x^2$	Zusammenfassen	0,5
$6x = x^2$	mit 2 kürzen	
$x^2 - 6x = 0$	auf beiden Seiten 6x subtrahieren	
$x(x-6) = 0$	x ausklammern	
$x_1 = 0;\ x_2 = 6 \Rightarrow \mathbb{L} = \{0; 6\}$	Ein Produkt ist genau dann 0, wenn mindestens ein Faktor 0 ist.	1

5 10 Minuten,

x bezeichnet die Anzahl der Bäume, die zusätzlich gepflanzt werden sollen, y die Anzahl aller Äpfel.

Anzahl aller Äpfel = (Anzahl der Bäume) · (Apfelertrag eines Baumes)

$y = (50 + x) \cdot (800 - 10x)$ 1

$y = 40\,000 - 500x + 800x - 10x^2$	Ausmultiplizieren	
$y = -10x^2 + 300x + 40\,000$	Zusammenfassen	1

Da die zugehörige Parabel nach unten offen ist, ist der größte y-Wert die y-Koordinate des Parabelscheitels. Zur Berechnung der Scheitelkoordinaten wird der quadratische Term in die Scheitelform transformiert.

$-10x^2 + 300x + 40\,000$		
$= -10\,[x^2 - 30x - 4\,000]$	Ausklammern von –10	0,5
$= -10\,[x^2 - 30x + 225 - 225 - 4\,000]$	quadratische Ergänzung	0,5
$= -10\,[(x-15)^2 - 4\,225]$	binomische Formel	0,5
$= -10\,(x-15)^2 + 42\,250$	Ausmultiplizieren	0,5
Scheitelkoordinaten: $(15 \mid 42\,250)$		0,5

Wenn man 15 Bäume zusätzlich pflanzt, erhält man den größtmöglichen Ertrag von 42 250 Äpfeln. 0,5

Schulaufgabe 8

BE

1 Gegeben ist die quadratische Funktion $f\colon\ x \mapsto -4x^2 - 8x + 12$. Ihr Graph wird im Weiteren mit G_f bezeichnet.

a) Rechne den Funktionsterm f(x) in die Scheitelform um und gib damit die Koordinaten des Scheitels und die Wertemenge W_f der Funktion an. 4

b) Wie viele Lösungen besitzt die Gleichung $-4x^2 - 8x + 12 = 0$? Beantworte diese Frage ohne Rechnung. Begründe deine Antwort. 2

c) Der Graph G_p einer weiteren quadratischen Funktion p(x) ist deckungsgleich mit G_f und besitzt die gleiche Symmetrieachse. Er berührt die x-Achse nur in einem Punkt. Gib alle möglichen Funktionsterme für p(x) an. 3

2 Autofahrer kommen oft in die Situation, vor einem plötzlich auftauchenden Hindernis anhalten zu müssen. Die Wegstrecke, die sie vom Zeitpunkt des Erblickens des Hindernisses bis zum Stillstand des Fahrzeuges zurücklegen, heißt Anhalteweg. Er lässt sich mithilfe der Faustformel

$$w(v) = \left(\frac{v}{10}\right)^2 + \frac{3v}{10}$$

berechnen, in der v die Maßzahl der in $\frac{km}{h}$ gemessenen Geschwindigkeit und w(v) die Maßzahl des in Metern gemessenen Anhaltewegs sind. Weil es Rudi Rastlos wie immer eilig hat, fährt er in einer Wohngegend trotz ausgewiesener 30-Zone mit 40 $\frac{km}{h}$. Plötzlich läuft ein kleines Kind 25 m vor ihm auf die Straße.

a) Kann er noch rechtzeitig anhalten? 2

b) Um wie viel Prozent ist sein Anhalteweg länger als bei vorschriftsmäßiger Fahrweise? 2

3 Gegeben sind die Terme

$$T_1(x) = \frac{3x - 9}{27 - 18x + 3x^2} \quad \text{und} \quad T_2(x) = \frac{2}{2x - 6}.$$

Berechne die maximalen Definitionsmengen und überprüfe, ob die Terme äquivalent sind. 7

4 Die Grundmenge G der Gleichung $\frac{x+2}{6} - \frac{1}{2x} = 0$ ist $\mathbb{R}$.

a) Ermittle grafisch alle Lösungen mithilfe nebenstehender Skizze. Dort ist der Graph der Funktion $x \mapsto \frac{1}{2x}$ gezeichnet. 3

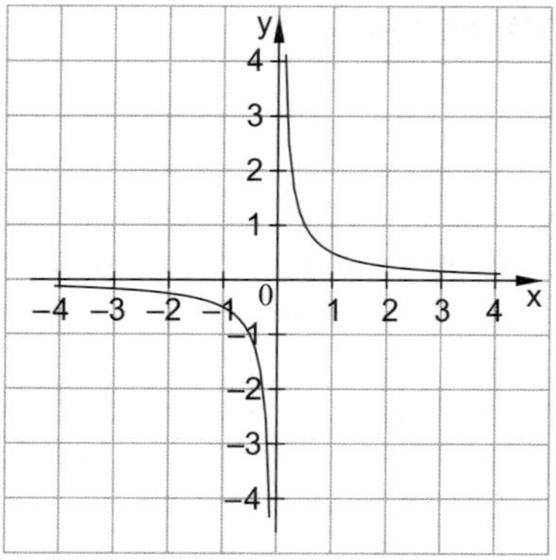

b) Berechne die Lösungen und überprüfe dein Ergebnis aus Teilaufgabe a. 3

5 Welches Zahlentripel löst das Gleichungssystem?

(1) $x + y + z = -1$

(2) $x - y + z = -3$

(3) $9x + 3y + z = -7$ 4

Hinweise und Tipps

1
- Nur normierte quadratische Terme, also Terme, bei denen der Koeffizient von x^2 gleich 1 ist, lassen sich auf die Scheitelform bringen.
- Bestimme die Scheitelform durch quadratische Ergänzung.
- Achte bei b auf die Lage der zugehörigen Parabel im Koordinatensystem.
- Parabeln können nach oben oder unten offen sein.

2
- Berechne den Anhalteweg durch Einsetzen in die Formel.
- Berechne zunächst den Anhalteweg bei vorschriftsmäßiger Fahrweise.

3 Der Nenner bei Bruchtermen darf nicht null werden.

4
- $y = \frac{x+2}{6}$ ist die Gleichung einer linearen Funktion.
- Multipliziere auf beiden Seiten der Gleichung mit dem Hauptnenner.

5 Subtrahiere zunächst Gleichung (2) von Gleichung (1).

Lösung

1 a) 5 Minuten,

$-4x^2-8x+12$		
$=-4\,[x^2+2x-3]$	Koeffizient von x^2 ausklammern	0,5
$=-4\,[x^2+2x+1-1-3]$	quadratisch ergänzen	0,5
$=-4\,[(x+1)^2-1-3]$	binomische Formel	0,5
$=-4\,[(x+1)^2-4]$	Zusammenfassen	0,5
$=-4\,(x+1)^2+16$	Distributivgesetz	0,5

Die Scheitelkoordinaten lauten: $S(-1\,|\,16)$ 0,5

Da der Koeffizient von x^2 negativ ist, ist die Parabel nach unten offen. Die Wertemenge lautet daher $W=]-\infty;\ 16]$. 1

b) 3 Minuten,

Die zu $y=-4x^2-8x+12$ gehörige Parabel ist nach unten offen, die y-Koordinate ihres Scheitels ist positiv. Sie schneidet daher die x-Achse an 2 Stellen.

Die Gleichung $-4x^2-8x+12=0$ besitzt somit 2 Lösungen. 2

c) 4 Minuten, /

Der Scheitel der zu p(x) gehörenden Parabel hat die Koordinaten $S(-1\,|\,0)$: 1

$x_S=-1$ wegen der Übereinstimmung der Symmetrieachsen.
$y_S=0$ wegen der Berührung der x-Achse.

Wegen der Deckungsgleichheit ist der Koeffizient von x^2 gleich ± 4. 1
Daher gilt: $p(x)=\pm 4(x+1)^2=\pm 4(x^2+2x+1)$

1. Möglichkeit: $p_1(x)=4x^2+8x+4$
2. Möglichkeit: $p_2(x)=-4x^2-8x-4$ 1

2 a) 3 Minuten,

$w(40)=\left(\frac{40}{10}\right)^2+\frac{3\cdot 40}{10}$	Einsetzen von $v=40$	0,5
$=4^2+3\cdot 4$	Kürzen mit 10	0,5
$=16+12=28$	Zusammenfassen	0,5

Wegen 28 m > 25 m kann er nicht mehr rechtzeitig anhalten. 0,5

b) 5 Minuten, /

$w(30) = \left(\frac{30}{10}\right)^2 + \frac{3 \cdot 30}{10} = 9 + 9 = 18$ 0,5

Absolute Vergrößerung des Anhaltewegs durch zu hohe Geschwindigkeit: 28 m – 18 m = 10 m 0,5

$18\text{ m} \mathrel{\hat{=}} 100\,\%$

$1\text{ m} \mathrel{\hat{=}} \frac{100\,\%}{18}$

$10\text{ m} \mathrel{\hat{=}} \frac{100\,\% \cdot 10}{18} \approx 55{,}6\,\%$ 1

Die prozentuale Vergrößerung des Bremswegs beträgt also fast 56 %.

3 7 Minuten,

Zur Definitionsmenge gehören alle reellen Zahlen, für welche die Nenner der Terme nicht 0 werden. Man erhält daher die Definitionsmenge, indem man die Lösungen der Gleichung $27 - 18x + 3x^2 = 0$ bzw. $2x - 6 = 0$ von $\mathbb{R}$ ausschließt. 1

Lösung der ersten Gleichung:

$3x^2 - 18x + 27 = 0$

$x_{1,2} = \frac{-(-18) \pm \sqrt{(-18)^2 - 4 \cdot 3 \cdot 27}}{2 \cdot 3}$ Lösungsformel 0,5

$x_{1,2} = \frac{18 \pm 0}{6} = 3$ 0,5

Lösung der zweiten Gleichung:

$2x - 6 = 0$

$2x = 6$

$x = 3$ 0,5

Beide Terme besitzen daher die gleiche Definitionsmenge $\mathbb{D} = \mathbb{R} \setminus \{3\}$. 0,5

Für $x \in \mathbb{R} \setminus \{3\}$ sind folgende Umformungen Äquivalenzumformungen:

$T_1(x) = \frac{3x - 9}{27 - 18x + 3x^2}$

$= \frac{3(x-3)}{3(9 - 6x + x^2)}$ 3 ausklammern 0,5

$= \frac{x-3}{9 - 6x + x^2}$ Kürzen 0,5

$= \frac{x-3}{(x-3)^2}$ — binomische Formel — 0,5

$= \frac{1}{x-3}$ — Kürzen — 0,5

$T_2(x) = \frac{2}{2x-6}$

$= \frac{2}{2(x-3)}$ — im Nenner 2 ausklammern — 0,5

$= \frac{1}{x-3}$ — Kürzen — 0,5

$T_1(x)$ und $T_2(x)$ sind also äquivalent. — 1

4 a) 5 Minuten,

Der Graph von

$y = \frac{x+2}{6} = \frac{1}{6}x + \frac{1}{3}$

ist eine Gerade g mit der Steigung $\frac{1}{6}$ und dem y-Achsenabschnitt $\frac{1}{3}$. — 2

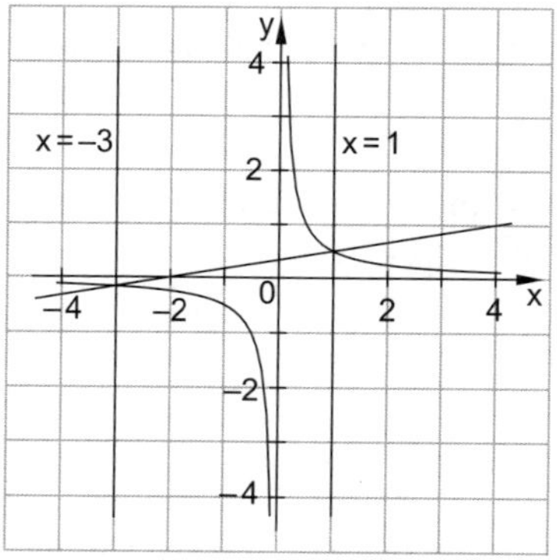

Wegen

$\frac{x+2}{6} - \frac{1}{2x} = 0 \quad \Leftrightarrow \quad \frac{x+2}{6} = \frac{1}{2x}$

erhält man die Lösungen grafisch, indem man die x-Koordinaten der Schnittpunkte der Geraden g mit dem gezeichneten Graph bestimmt: — 1

$x_1 = -3 \qquad x_2 = 1$

b) 5 Minuten,

$\frac{x+2}{6} - \frac{1}{2x} = 0$

$\frac{(x+2)\cdot 6x}{6} - \frac{6x}{2x} = 0$ — mit dem Hauptnenner 6x multiplizieren — 0,5

$(x+2)\cdot x - 3 = 0$ — Kürzen

$x^2 + 2x - 3 = 0$ — Ausmultiplizieren — 0,5

$x_{1,2}=\frac{-2\pm\sqrt{2^2-4\cdot 1\cdot(-3)}}{2\cdot 1}$	Lösungsformel	0,5
$x_{1,2}=\frac{-2\pm\sqrt{16}}{2}$		0,5
$x_{1,2}=\frac{-2\pm 4}{2}$		0,5
$x_1=-3 \quad x_2=1$		0,5

5 8 Minuten, /

$$\begin{aligned}(1)\quad & x+y+z=-1\\(2)\quad & x-y+z=-3\\(3)\quad & 9x+3y+z=-7\end{aligned}$$

$(x+y+z)-(x-y+z)=-1-(-3)$	(1) – (2)	0,5
$2y=2 \Rightarrow y=1$	Zusammenfassen und auf beiden Seiten durch 2 dividieren	0,5
$(2)^*\quad x-1+z=-3$ $(3)^*\quad 9x+3+z=-7$	y = 1 in (2) und (3) einsetzen	0,5
$(2)^{**}\quad x+z=-2$ $(3)^{**}\quad 9x+z=-10$	Zahlen auf den rechten Gleichungsseiten zusammenfassen	0,5
$(x+z)-(9x+z)=-2-(-10)$	(2)** – (3)**	0,5
$-8x=8 \Rightarrow x=-1$	Zusammenfassen und auf beiden Seiten durch 8 dividieren	0,5
$-9+z=-10 \Rightarrow z=-1$	x = –1 in (3)** einsetzen	0,5

Die Lösung des Gleichungssystems ist das Zahlentripel (–1 | 1 | 1). 0,5

Schulaufgabe 9

BE

1 Jede Parabel in der Abbildung rechts ist der Graph genau einer der folgenden quadratischen Funktionen:

$f(x) = -0{,}5(x^2 - x)$

$g(x) = 2(x+1)(x-2)$

$h(x) = (x+1{,}5)^2$

$i(x) = x(x-4)+1$

$j(x) = -3(2-x)(4-x)$

Ordne jedem Funktionsterm seinen Graphen zu. 5

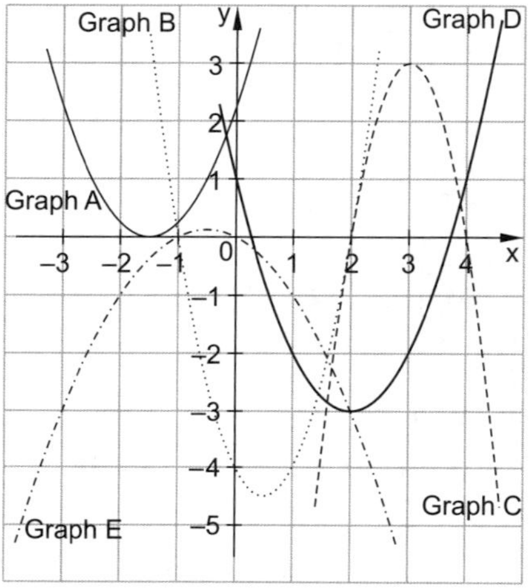

2 Berechne möglichst einfach die Lösungen folgender Gleichungen über der Grundmenge $G = \mathbb{R}$.

a) $(x+1)(3-x)=0$ 2

b) $x^2 = -3x$ 2

c) $0{,}5(x-3)^2 - 2 = 0$ 2

d) $x^2 = 6x - 9$ 2

3 a) Berechne die Koordinaten der Punkte S_1 und S_2, in denen sich die Graphen der quadratischen Funktionen $f(x) = 2x^2 + 4x - 7$ und $g(x) = x^2 + 7x - 9$ schneiden. 5

b) Stelle die Gleichung der Geraden S_1S_2 auf. 2

4 Berechne den größten und den kleinsten Wert, den die quadratische Funktion $f\colon\ x \mapsto 2x^2 - 2x - \frac{5}{2}$ auf dem Intervall [1; 2] annimmt, und begründe deinen Ansatz. 4

5 Ein Landwirt möchte eine Weide einzäunen und dafür höchstens 900 € aufwenden. Um Material zu sparen, legt er die Weide entlang eines Flusses an, der über sein Grundstück fließt. Die Kosten betragen dann pro laufenden Meter für den parallel (senkrecht) zum Fluss verlaufenden Zaun 5 € (3 €).
Bei welchen Abmessungen kann er eine möglichst große Fläche einzäunen?
Wie groß ist diese?

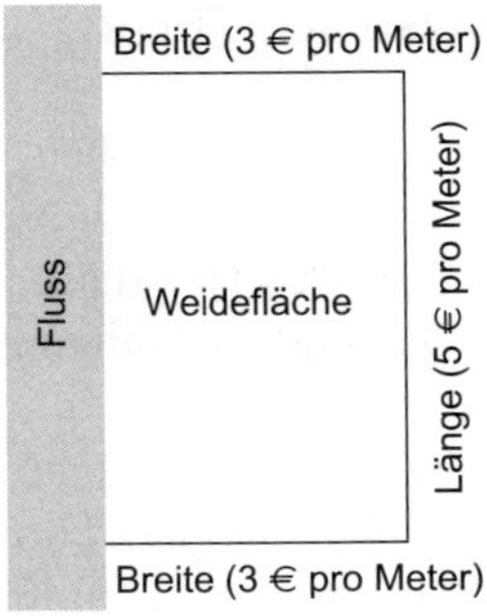

6

Hinweise und Tipps

1 Achte bei den Graphen
- A, B, C auf die Nullstellen;
- E auf den Ursprung;
- D auf den Schnittpunkt mit der y-Achse.

2
- Bei a liegt ein Produkt vor.
- Bei b nicht mit x kürzen
- Bei c nicht ausmultiplizieren
- Denke bei d an die binomischen Formeln.

3
- Die Lösungen der Gleichung, die man beim Gleichsetzen der Funktionsterme erhält, sind die x-Koordinaten der Schnittpunkte.
- Berechne zuerst die Steigung, dann den y-Achsenabschnitt.

4 Berechne zuerst die Scheitelkoordinaten und finde damit das Steigungsverhalten der Funktion heraus.

5
- Die Zielfunktion, die maximiert werden soll, ist die Weidefläche.
- Die Nebenbedingung wird durch das zur Verfügung stehende Geld bestimmt.

Lösung

1 10 Minuten,

Die entscheidenden Hinweise für die Zuordnung liefern die Scheitel- bzw. die Schnittpunkte der Graphen mit den Koordinatenachsen.

Graph	zugehöriger Funktionsterm	Begründung (nicht verlangt)	
A	$h(x)=(x+1,5)^2$	h ist die einzige Funktion, deren Graph den Scheitel wie A im Punkt $(-1,5 \mid 0)$ hat.	1
B	$g(x)=2(x+1)(x-2)$	g ist die einzige Funktion, die wie B die Nullstellen $x_1=-1$ und $x_2=2$ besitzt.	1
C	$j(x)=-3(2-x)(4-x)$	j ist die einzige Funktion, die wie C die Nullstellen $x_1=2$ und $x_2=4$ besitzt.	1
D	$i(x)=x(x-4)+1$	i ist wegen $i(0)=0(0-4)+1=1$ die einzige Funktion, deren Graph wie D die y-Achse im Punkt $(0 \mid 1)$ schneidet.	1
E	$f(x)=-0,5(x^2-x)$	f ist wegen $f(0)=0$ die einzige Funktion, deren Graph wie E durch den Ursprung verläuft.	1

2 a) 2,5 Minuten,

$(x+1)(3-x)=0$	Ein Produkt ist genau dann 0, wenn mindestens ein Faktor 0 ist.	
$\Leftrightarrow \quad x+1=0 \text{ oder } 3-x=0$		1
$\Leftrightarrow \quad x=-1 \text{ oder } x=3$	beidseitig 1 subtrahieren bzw. x addieren	
$\Rightarrow \mathbb{L}=\{-1; 3\}$		1

b) 2,5 Minuten, /

$x^2=-3x$		
$x^2+3x=0$	auf beiden Seiten 3x addieren	1
$x(x+3)=0$	x ausklammern	0,5
$x_1=0 \text{ oder } x_2=-3$	Ein Produkt ist genau dann 0, wenn mindestens ein Faktor 0 ist.	
$\Rightarrow \mathbb{L}=\{-3; 0\}$		0,5

c) 2,5 Minuten

$0{,}5\cdot(x-3)^2-2=0$		
$0{,}5\cdot(x-3)^2=2$	auf beiden Seiten 2 addieren	0,5
$(x-3)^2=4$	mit 2 multiplizieren	
$\lvert x-3\rvert=2$	auf beiden Seiten radizieren	0,5
$x-3=\pm 2$	Betrag auflösen	0,5
$x_1=5$ oder $x_2=1$	auf beiden Seiten 3 addieren	
$\Rightarrow\ \mathbb{L}=\{1;5\}$		0,5

d) 2,5 Minuten

$x^2=6x-9$		
$x^2-6x+9=0$	auf beiden Seiten 6x – 9 subtrahieren	0,5
$(x-3)^2=0$	binomische Formel	0,5
$\lvert x-3\rvert=0$	Radizieren	0,5
$x-3=0$	Betrag auflösen	
$x=3$	auf beiden Seiten 3 addieren	
$\Rightarrow\ \mathbb{L}=\{3\}$		0,5

3 a) 5 Minuten

$g(x)=f(x)\ \Leftrightarrow\ 2x^2+4x-7=x^2+7x-9$	Funktionsterme gleichsetzen	1
$\Leftrightarrow\ x^2-3x+2=0$	gleichartige Terme auf einer Seite zusammenfassen	0,5
$x_{1,2}=\dfrac{-(-3)\pm\sqrt{(-3)^2-4\cdot1\cdot2}}{2\cdot1}$	Lösungsformel	1
$x_{1,2}=\dfrac{3\pm1}{2}$	Zusammenfassen	1
$x_1=2;\quad x_2=1$		
$g(2)=2^2+7\cdot2-9=9$ $g(1)=1^2+7\cdot1-9=-1$	Einsetzen in eine der beiden Funktionsgleichungen	1
$S_1(1\mid-1);\quad S_2(2\mid9)$		0,5

b) 4 Minuten

Für die Steigung m der Geraden $y=mx+t$ gilt:

$$m=\frac{y_{S_1}-y_{S_2}}{x_{S_1}-x_{S_2}}=\frac{-1-9}{1-2}=\frac{-10}{-1}=10$$ 1

vorläufige Geradengleichung: $y=10x+t$

Einsetzen von S_1 in die Geradengleichung: $-1=10\cdot1+t\ \Rightarrow\ t=-11$ 1

Gleichung der Geraden S_1S_2: $y=10x-11$

4 6 Minuten,

Berechnung der Scheitelkoordinaten:

$$f(x) = 2x^2 - 2x - \frac{5}{2}$$

$= 2\left[x^2 - x - \frac{5}{4}\right]$	Ausklammern von 2	0,5
$= 2\left[x^2 - x + \frac{1}{4} - \frac{1}{4} - \frac{5}{4}\right]$	quadratische Ergänzung	0,5
$= 2\left[\left(x - \frac{1}{2}\right)^2 - \frac{6}{4}\right]$	binomische Formel	
$= 2\left(x - \frac{1}{2}\right)^2 - 3$	Distributivgesetz	0,5

Scheitelkoordinaten $S(0{,}5\,|\,-3)$ 0,5

Da die Parabel nach oben offen ist und die x-Koordinate des Scheitels links vom Intervall [1; 2] liegt, ist

- $f(1) = 2 \cdot 1^2 - 2 \cdot 1 - 2{,}5 = -2{,}5$ der kleinste Funktionswert
- $f(2) = 2 \cdot 2^2 - 2 \cdot 2 - 2{,}5 = 1{,}5$ der größte Funktionswert

im Intervall [1; 2]. 2

5 10 Minuten, /

y, x bezeichnen jeweils die Maßzahlen der Breite, Länge des Grundstücks in m.

Zielfunktion: Die Größe, die maximal werden soll, ist der Flächeninhalt A(x, y) der Weide: $A(x, y) = x \cdot y \text{ m}^2$ (*) 1

Die Nebenbedingung ist durch die Preisgrenze gegeben:

$$5\frac{€}{\text{m}} \cdot x \text{ m} + 3\frac{€}{\text{m}} \cdot 2y \text{ m} = 900\ €$$ 1

$$\Rightarrow\ 5x + 6y = 900$$

$6y = 900 - 5x$	von beiden Seiten 5x subtrahieren	
$y = \frac{900 - 5x}{6} = 150 - \frac{5}{6}x \quad (**)$	durch 6 dividieren	1

Einsetzen von (**) in (*):

$$A(x) = x \cdot \left(150 - \frac{5}{6}x\right) = -\frac{5}{6}x^2 + 150x$$ 0,5

Weil der Graph von A(x) eine nach unten offene Parabel ist, ist die y-Koordinate des Scheitels ihr größtmöglicher Funktionswert.

Umrechnung von A(x) auf die Scheitelform:

$A(x) = -\frac{5}{6}(x^2 - 180x)$ Ausklammern 0,5

$= -\frac{5}{6}(x^2 - 180x + 90^2 - 90^2)$ quadratische Ergänzung

$= -\frac{5}{6}\left((x-90)^2 - 8\,100\right)$ binomische Formel 0,5

$= -\frac{5}{6}(x-90)^2 + 6\,750$ Ausmultiplizieren 0,5

Die Scheitelkoordinaten lauten: $S(90\,|\,6\,750)$ 0,5

Bei einer Länge von $x = 90$ m und einer Breite von

$y = \left(150 - \frac{5}{6} \cdot 90\right)\text{ m} = 75\text{ m}$

können unter Einhaltung der Kostengrenze als größtmögliche Fläche $6\,750\text{ m}^2$ eingezäunt werden. 0,5

Schulaufgabe 10

BE

1 Mithilfe der quadratischen Funktion

$$T(v) = \left(\frac{3v}{100}\right)^2 - \frac{3}{125}v + \frac{33}{10}$$

lässt sich der Treibstoffverbrauch eines Autos ermitteln. v ist dabei die Maßzahl der in $\frac{km}{h}$ gemessenen Geschwindigkeit und T(v) die Maßzahl des Benzinverbrauchs in $\frac{Liter}{100\,km}$.

a) Berechne den Benzinverbrauch bei 140 $\frac{km}{h}$. 1

b) Berechne die Geschwindigkeit bei einem Benzinverbrauch von 8,7 $\frac{Liter}{100\,km}$. 3

c) Bei welcher Geschwindigkeit hat das Auto den geringsten Benzinverbrauch? Wie groß ist dieser? 3

2 Nebenstehende Skizze zeigt den Graphen der quadratischen Funktion

$f\colon\ x \mapsto x^2 - 2x - 3$

in einem Gitternetz mit der Seitenlänge 1 Längeneinheit. Trage nach geeigneten Berechnungen das fehlende Koordinatensystem ein. 4

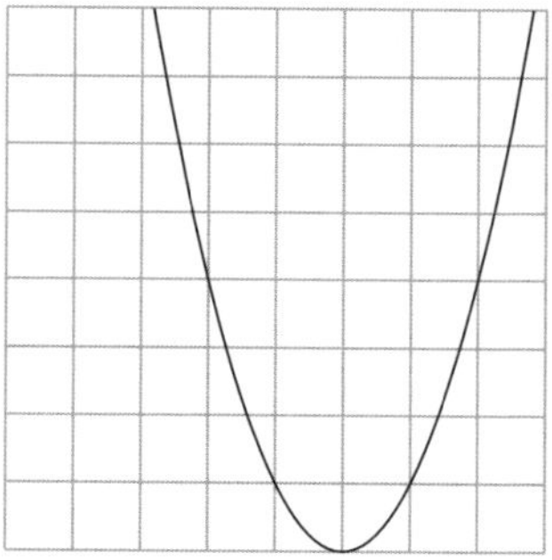

3 a) Zeichne die Graphen der Funktionen

$p\colon\ x \mapsto x^2 + 4 \qquad g_1\colon\ x \mapsto 4x \qquad g_2\colon\ x \mapsto -4x$

in ein Koordinatensystem. 3

b) Erkläre anhand dieser Skizze, wie die Anzahl der Lösungen der Gleichung $x^2 - rx + 4 = 0$ vom Wert des Parameters r abhängt. 4

4 Im Folgenden bezeichnet f eine quadratische Funktion und G_f den zugehörigen Graphen. Wie lautet ein möglicher Funktionsterm f(x), wenn

a) f die Wertemenge $]-\infty; \sqrt{3}]$ besitzt? 2

b) f nur die Nullstelle $\sqrt{3}$ besitzt? 2

c) f die Nullstellen $\sqrt{3}$ und $-\sqrt{3}$ besitzt und G_f die y-Achse in $(0|6)$ schneidet? 2

Begründe jeweils deine Antworten.

5 Aus der trapezförmigen Platte soll eine rechteckige Platte mit möglichst großem Flächeninhalt herausgeschnitten werden. Wie ist hierfür der Punkt P zu wählen? Welchen Inhalt hat dann die Rechteckplatte? 6

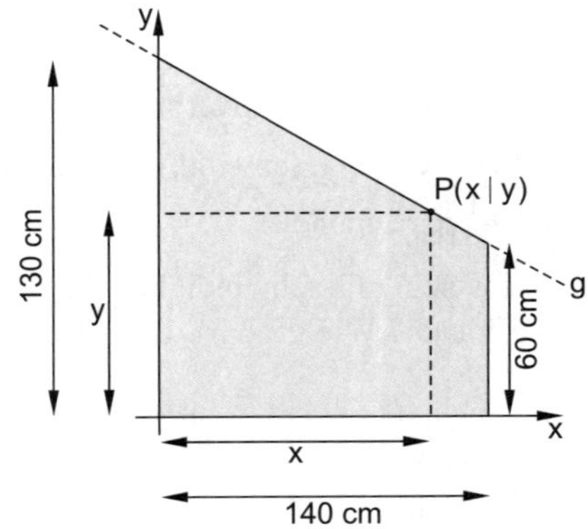

Hinweise und Tipps

1
- Berechne bei a den zugehörigen Funktionswert.
- Bei b musst du eine quadratische Gleichung lösen.
- Berechne bei c den Scheitel der zur Funktion T(v) gehörenden Parabel.

2 Berechne den Scheitel der zur Funktion f(x) gehörenden Parabel.

3
- Zeichne die Parabel mit deiner Schablone. Die Geraden sind Ursprungsgeraden.
- Schreibe die Gleichung bei b in der Form $x^2 + 4 = rx$.

4
- Verschaffe dir bei a Klarheit über die Öffnung der Parabel und die y-Koordinate des Scheitels.
- Bei b kannst du die Scheitelkoordinaten angeben.
- Denke bei c an die Linearfaktorzerlegung.

5
- Zielfunktion ist der Flächeninhalt des Rechtecks.
- Stelle die Gleichung der Geraden g, auf der P liegt, auf.
- Die Nebenbedingung ist dadurch gegeben, dass P auf g liegt.

Lösung

1 a) 3 Minuten,

$$T(140)=\left(\frac{3\cdot 140}{100}\right)^2-\frac{3}{125}\cdot 140+\frac{33}{10}=17{,}58$$ 1

Bei einer Geschwindigkeit von 140 $\frac{\text{km}}{\text{h}}$ verbraucht das Fahrzeug auf 100 km 17,58 Liter Benzin.

b) 5 Minuten, /

$$\left(\frac{3v}{100}\right)^2-\frac{3}{125}v+\frac{33}{10}=8{,}7$$ 0,5

$$0{,}0009v^2-0{,}024v-5{,}4=0$$ 0,5

$$9v^2-240v-54\,000=0$$ mit 10 000 multiplizieren

$$v_{1,2}=\frac{-(-240)\pm\sqrt{(-240)^2-4\cdot 9\cdot(-54\,000)}}{2\cdot 9}$$ Lösungsformel 1

$$v_1\approx 91{,}9$$ 0,5

$$v_2\approx -65{,}3$$ physikalisch sinnlos 0,5

Bei einer Geschwindigkeit von 91,9 $\frac{\text{km}}{\text{h}}$ verbraucht das Fahrzeug auf 100 km 8,7 Liter Benzin.

c) 5 Minuten,

Da der Graph von T(v) eine nach oben offene Parabel ist, erhält man die gewünschten Daten aus der Lage des Parabelscheitels.

$$T(v)=\left(\frac{3v}{100}\right)^2-\frac{3}{125}v+\frac{33}{10}$$

$$=\frac{9}{10\,000}v^2-\frac{3}{125}v+\frac{33}{10}$$ 0,5

$$=\frac{9}{10\,000}\left[v^2-\frac{80}{3}v+\frac{11\,000}{3}\right]$$ Ausklammern 0,5

$$=\frac{9}{10\,000}\left[v^2-\frac{80}{3}v+\frac{1600}{9}-\frac{1600}{9}+\frac{11\,000}{3}\right]$$ quadratisch ergänzen 0,5

$$=\frac{9}{10\,000}\left[\left(v-\frac{40}{3}\right)^2+\frac{31\,400}{9}\right]$$ binomische Formel 0,5

$$=0{,}0009\cdot(v-13{,}\overline{3})^2+3{,}14$$ Distributivgesetz 0,5

Der minimale Benzinverbrauch liegt bei einer Geschwindigkeit von $13,\overline{3}\,\frac{\text{km}}{\text{h}}$ vor. Bei dieser Geschwindigkeit verbraucht das Auto auf 100 km 3,14 Liter Benzin. 0,5

2 5 Minuten,

Berechnung der Scheitelkoordinaten:

$x^2 - 2x - 3$

$= x^2 - 2x + 1 - 1 - 3$ quadratische Ergänzung 0,5

$= (x-1)^2 - 4$ binomische Formel 0,5

Scheitel: S(1 | −4) 1

Man gelangt daher zum Koordinatenursprung, indem man den Scheitel der Parabel

- parallel zur y-Achse um 4 Längeneinheiten nach oben und 1
- parallel zur x-Achse um 1 Längeneinheit nach links verschiebt. 1

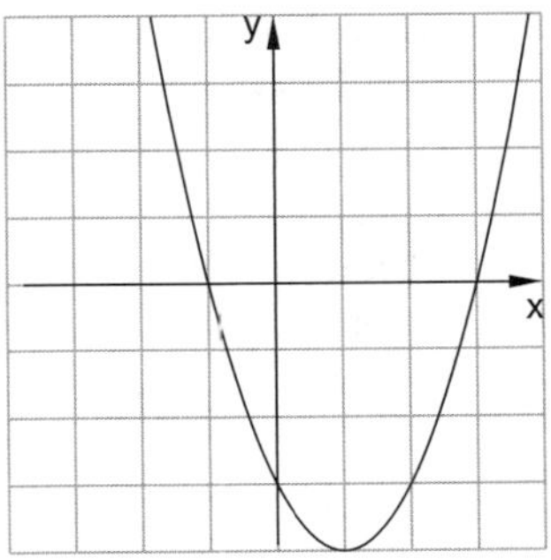

3 a) 5 Minuten, / 3

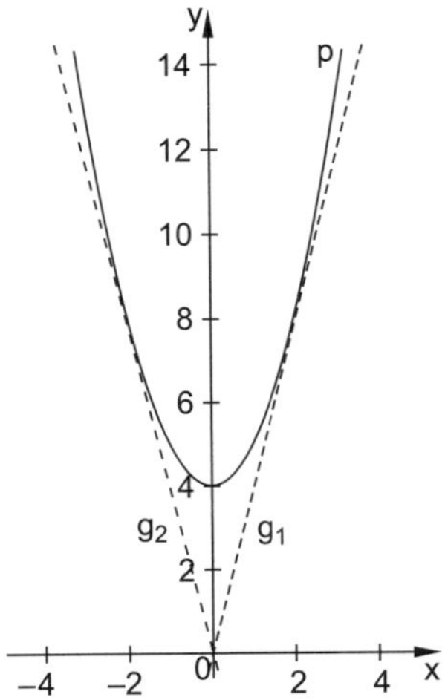

b) 5 Minuten,

Wegen

$x^2 - rx + 4 = 0 \quad \Leftrightarrow \quad x^2 + 4 = rx,$

sind die x-Koordinaten der Schnittpunkte der Geraden g_r: $y = rx$ mit der Parabel p: $y = x^2 + 4$ die Lösungen der Gleichung $x^2 - rx + 4 = 0$. 1

Für diese gilt:

- Nach der in Teilaufgabe a angefertigten Skizze tangieren die Geraden g_r für $r = \pm 4$ die Parabel. Die Gleichung besitzt also für $r = \pm 4$ jeweils **genau eine Lösung**. 8
- Für $r > 4$ bzw. $r < -4$ verlaufen die Ursprungsgeraden g_r steiler und schneiden die Parabel in 2 Punkten. Die Gleichung besitzt dann **zwei Lösungen**. 8
- Für $r < 4$ bzw. $r > -4$ verlaufen die Ursprungsgeraden g_r flacher und schneiden die Parabel nicht. Die Gleichung besitzt dann **keine Lösungen**. 8

4 a) 2 Minuten,

$y = -x^2 + \sqrt{3}$ 2

Die zugehörige Parabel ist nach unten offen. Ihr Scheitel mit den Koordinaten $(0 \mid \sqrt{3})$ ist der höchste Punkt.

b) 2 Minuten,

$y = (x - \sqrt{3})^2$ 2

Die zugehörige Parabel besitzt den Scheitel $(\sqrt{3} \mid 0)$ und somit nur die Nullstelle $\sqrt{3}$.

c) 2 Minuten,

$y = -2(x - \sqrt{3})\,(x + \sqrt{3})$ 2

Die Nullstellen der Funktion $f(x) = a(x - \sqrt{3})\,(x + \sqrt{3})$ lauten $\sqrt{3}$ und $-\sqrt{3}$. Den Koeffizienten –2 erhält man durch Einsetzen der Koordinaten des gegebenen Punktes $(0 \mid 6)$:

$$6 = a \cdot (-\sqrt{3})\,(\sqrt{3}) = -3a \quad \Rightarrow \quad a = \frac{6}{-3} = -2$$

5 11 Minuten, /

Zielfunktion: Die Größe, die maximal werden soll, ist der Flächeninhalt $A(x, y)$ des Rechtecks: $A(x, y) = x \cdot y \quad (*)$ 1

Die Nebenbedingung ist dadurch gegeben, dass der Punkt P auf der Geraden g liegt.

Steigung der Geraden: $m = -\frac{130-60}{140} = -0{,}5$ 0,5

Achsenabschnitt der Geraden: $t = 130$ 0,5

Geradengleichung: $g\colon\ y = -0{,}5x + 130 \quad (**)$ 0,5

$(**)$ in $(*)$ einsetzen liefert die einvariablige Zielfunktion:

$A(x) = x \cdot (-0{,}5x + 130)$ 0,5

$= -0{,}5(x^2 - 260x)$ Ausmultiplizieren und −0,5 ausklammern 0,5

$= -0{,}5\left((x-130)^2 - 16\,900\right)$ quadratisch ergänzen 0,5

$= -0{,}5(x-130)^2 + 8\,450$ Ausmultiplizieren 0,5

Der Graph von $A(x)$ ist eine nach unten offene Parabel mit dem Scheitel $S(130\,|\,8\,450)$. Dessen y-Koordinate ist daher der größtmögliche Funktionswert. 0,5

Durch Einsetzen von $x = 130$ in die Geradengleichung findet man die y-Koordinate des Punktes P: $y_P = y = -0{,}5 \cdot 130 + 130 = 65$ 0,5

Wählt man $(130\,|\,65)$ als Koordinaten für den rechten oberen Eckpunkt der Rechteckplatte, so besitzt sie den größtmöglichen Flächeninhalt $8\,450\ \text{cm}^2$. 0,5

Schulaufgabe 11

BE

1 Ein Wassertropfen tritt mit einer Geschwindigkeit von $10\,\frac{m}{s}$ unter einem Winkel von 49,7° gegen die Horizontale aus der Düse eines Rasensprengers aus, bewegt sich auf einer nach unten offenen Parabel und trifft in einer Horizontalentfernung von 10 m wieder auf den Boden. Der Abstand zwischen Düse und Erdboden soll vernachlässigt werden. In 2 m Horizontalabstand von der Düse entfernt befindet sich der Tropfen 1,89 m über dem Boden.

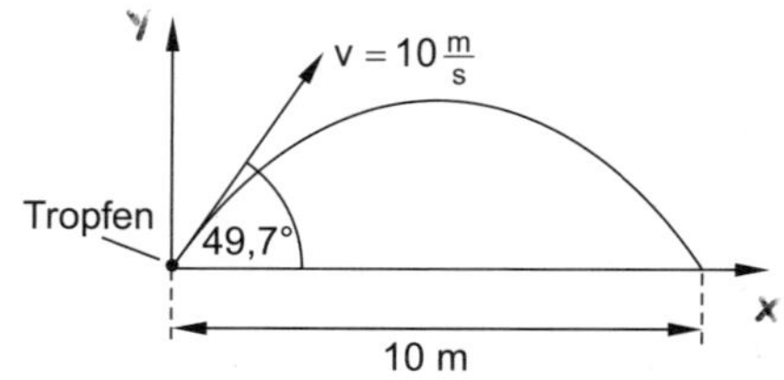

a) Lege den Ursprung des Koordinatensystems in den Punkt, in dem der Tropfen aus der Düse austritt, und stelle die Parabelgleichung seiner Bahnkurve auf. 4
(Ergebnis zum Weiterrechnen: $f(x) = -0{,}118x^2 + 1{,}18x$; x in Meter)

b) Berechne den größten Vertikalabstand des Tropfens vom Boden. 2

2 Gegeben sind die Gerade $g(x) = -5x + 12$ und die quadratische Funktion $f(x) = -2x^2 + 3x + 4$. Ihr Graph wird mit G_f bezeichnet.

a) Zeige rechnerisch möglichst einfach, dass sich g und G_f berühren. 3

b) Nun wird der Funktionsterm $f(x) + c$ betrachtet. Für welche Werte von c schneidet die Gerade den Graphen der Funktion $f(x) + c$ nicht? 3

3 Gegeben ist die Gleichung

$$\frac{x-3}{x^2-9} = \frac{x+3}{2x^2+12x+18}$$

mit der Grundmenge $G = \mathbb{R}$. Berechne ihre Definitions- und Lösungsmenge. 6

4 Für welche a, b und c besitzt der Graph der Funktion

$f\colon\ x \mapsto ax^2 + bx + c;\quad x \in \mathbb{R}$

die Wertemenge $W = [-16; \infty]$ und die Nullstellen $(1\,|\,0)$ und $(-3\,|\,0)$? 6

5 Ein Tourist kann am Urlaubsort 1 120,00 € ausgeben. Nachträglich stellt er fest, dass er 2 Tage länger hätte bleiben können, wenn er täglich 10,00 € weniger gebraucht hätte.
Wie lange hat sein Urlaub gedauert? 6

Hinweise und Tipps

1
- Start- und Auftreffpunkt des Tropfens sind Nullstellen der Parabel.
- Der Punkt (2 | 1,89) liegt auf der gesuchten Parabel.
- Der bei b gesuchte Wert steckt in den Scheitelkoordinaten.

2
- Gerade und Parabel berühren sich, wenn sie nur einen gemeinsamen Punkt besitzen.
- Die Diskriminante gibt Auskunft über die Anzahl der Lösungen einer quadratischen Gleichung.
- Wie ändert sich die Lage eines Graphen, wenn man zum Funktionsterm eine reelle Zahl addiert?

3
- In einem Bruch darf der Nenner nicht 0 werden.
- Multipliziere die Gleichung auf beiden Seiten mit dem Hauptnenner.

4
- Mithilfe der Nullstellen und der Wertemenge kannst du die Scheitelkoordinaten angeben.

5
- Verwende als Variable x die Anzahl der Urlaubstage, die nicht sparsam verbracht wurden, und gib damit an, wie viel Geld der Tourist pro Tag bei sparsamer bzw. großzügiger Lebensweise pro Tag ausgeben kann.
- Welcher Zusammenhang besteht zwischen diesen beiden Geldbeträgen?

Lösung

1 a) 5 Minuten,

Da $x_1 = 0$ und $x_2 = 10$ Nullstellen der Parabel sind, hat die Parabelgleichung die Form:

$y = ax(x-10)$

Den Koeffizienten a erhält man, indem man die Koordinaten des auf der Parabel liegenden Punkts $(2\,|\,1{,}89)$ in die Parabelgleichung einsetzt:

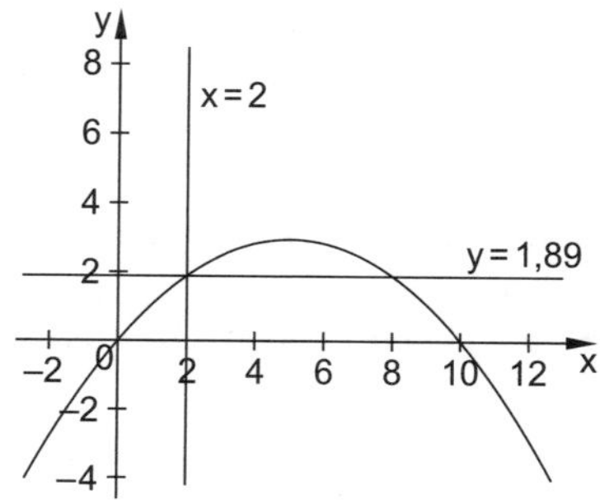

2

$1{,}89 = 2 \cdot a \cdot (2-10)$ 0,5

$1{,}89 = -16a$ 0,5

$a = \dfrac{1{,}89}{-16} = -0{,}118$ 0,5

Die Parabelgleichung lautet daher:

$p(x) = -0{,}118\,x(x-10) = -0{,}118\,x^2 + 1{,}18\,x$ 0,5

b) 3 Minuten,

Der größte Vertikalabstand des Tropfens vom Boden stimmt mit der y-Koordinate des Parabelscheitels $S(x_S\,|\,y_S)$ überein. Da dessen x-Koordinate in der Mitte zwischen den Nullstellen liegt, gilt $x_S = 5$ und daher:

$y_S = p(x_S) = -0{,}118 \cdot 5^2 + 1{,}18 \cdot 5 = 2{,}95$ 1

Der größte Abstand, den der Tropfen vom Boden erreicht, beträgt 2,95 m. 1

2 a) 5 Minuten,

g und G_f berühren sich

⇔ g und G_f besitzen nur einen gemeinsamen Punkt.

⇔ Die Gleichung $-2x^2 + 3x + 4 = -5x + 12$ hat genau eine Lösung.

⇔ Die Diskriminante dieser Gleichung ist 0. 1

$-2x^2 + 3x + 4 = -5x + 12$		
$-2x^2 + 8x - 8 = 0$	Addition von $5x - 12$	0,5
$x^2 - 4x + 4 = 0$	Division durch -2	0,5
$D = (-4)^2 - 4 \cdot 1 \cdot 4 = 16 - 16 = 0$	Berechnung der Diskriminante	1

Da die Diskriminante 0 ist, gibt es nur eine Lösung.

b) 5 Minuten,

Da G_f eine nach unten offene Parabel ist und der Graph der Funktion $f(x) + c$ aus G_f durch eine Verschiebung parallel zur y-Achse um $|c|$ Längeneinheiten nach oben (unten) entsteht, wenn $c > 0$ $(c < 0)$ ist, gilt:

Der Graph der Funktion $f(x) + c$ wird von g

- in 2 Punkten geschnitten, wenn $c > 0$,
- nicht geschnitten, wenn $c < 0$.

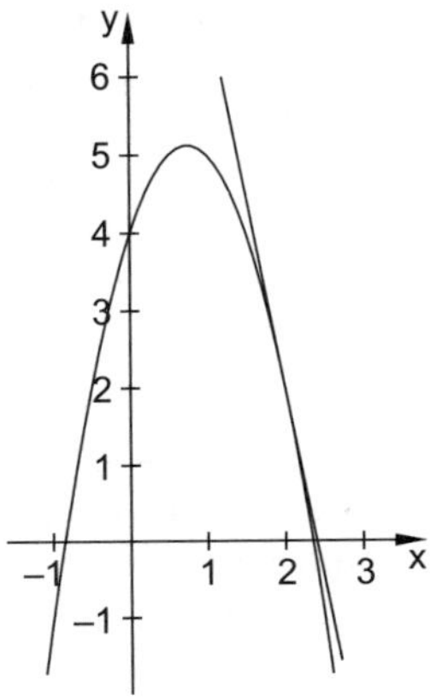

3

3 8 Minuten, /

Zur Definitionsmenge gehören die Zahlen, für welche die Nenner nicht 0 werden. Man berechnet daher die Lösungen der Gleichungen $x^2 - 9 = 0$ und $2x^2 + 12x + 18 = 0$ und schließt diese aus $\mathbb{R}$ aus.

$x^2 - 9 = 0$		
$x^2 = 9$	Addition von 9	0,5
$\lvert x \rvert = 3$	Radizieren	0,5
$x_1 = 3$ oder $x_2 = -3$	Auflösen des Betrags	0,5
$2x^2 + 12x + 18 = 0$		
$x^2 + 6x + 9 = 0$	Division durch 2	0,5
$(x+3)^2 = 0$	binomische Formel	0,5
$\lvert x+3 \rvert = 0$	Radizieren	0,5
$x = -3$	Auflösen des Betrags	0,5

Die Definitionsmenge lautet daher: $D_{max} = \mathbb{R} \setminus \{-3; 3\}$ 0,5

Für x aus der Definitionsmenge gilt:

$$\frac{x-3}{x^2-9} = \frac{x+3}{2x^2+12x+18}$$

$$\frac{x-3}{(x-3)(x+3)} = \frac{x+3}{2(x^2+6x+9)}$$ binomische Formel; Ausklammern von 2 0,5

$$\frac{x-3}{(x-3)(x+3)} = \frac{x+3}{2(x+3)^2}$$ binomische Formel 0,5

$\frac{1}{x+3} = \frac{1}{2(x+3)}$	Kürzen	0,5
$1 = \frac{1}{2}$	Multiplizieren mit x + 3 auf beiden Seiten und Kürzen	

Da die letzte Gleichung für kein x aus der Definitionsmenge erfüllt ist, gilt:
$\mathbb{L} = \{\ \}$ 0,5

4 8 Minuten,

Die x-Koordinate des Scheitels lautet $x_S = -1$, da x_S in der Mitte zwischen den Nullstellen liegt. 1

Die y-Koordinate des Scheitels lautet $y_S = -16$, da $W = [-16; \infty[$. 1

$y = a(x+1)^2 - 16$	Scheitelform	1

Einsetzen einer der beiden Nullstellen in diese Gleichung liefert den Koeffizienten a:

$0 = a(1+1)^2 - 16$	Einsetzen von (1 | 0)	1
$16 = 4a$	auf beiden Seiten 16 addieren	0,5
$4 = a$	auf beiden Seiten durch 4 dividieren	0,5

Umrechnen auf Normalform:

$f(x) = 4(x+1)^2 - 16 = 4(x^2 + 2x + 1) - 16 = 4x^2 + 8x - 12$ 0,5

$a = 4;\ b = 8;\ c = -12$ 0,5

5 11 Minuten, /

x bezeichnet die Anzahl der Urlaubstage, die nicht sparsam verbracht worden sind.

Ausgaben pro Tag bei nicht sparsamer Lebensführung: $\frac{1120}{x}$ 0,5

Ausgaben pro Tag bei sparsamer Lebensführung: $\frac{1120}{x+2}$ 0,5

Ansatz:

$\frac{1120}{x} - 10 = \frac{1120}{x+2}$ 1

$1\,120 \cdot (x+2) - 10x(x+2) = 1\,120x$	mit dem Hauptnenner multiplizieren und kürzen	0,5
$1\,120x + 2\,240 - 10x^2 - 20x = 1\,120x$	Ausmultiplizieren	0,5
$-10x^2 - 20x + 2\,240 = 0$	1 120x subtrahieren	0,5
$x^2 + 2x - 224 = 0$	durch –10 dividieren	0,5

$x_{1,2}=\frac{-2\pm\sqrt{2^2-4\cdot 1\cdot(-224)}}{2\cdot 1}$	Lösungsformel	0,5
$x_{1,2}=\frac{-2\pm 30}{2}$		0,5
$x_1=-16 \quad x_2=14$		0,5
Der Urlaub hat 14 Tage gedauert.		0,5

Schulaufgaben zum Themenbereich 3

- **Potenzen mit rationalen Exponenten**
- **Zusammengesetzte Zufallsexperimente**
- **Trigonometrie im rechtwinkligen Dreieck**

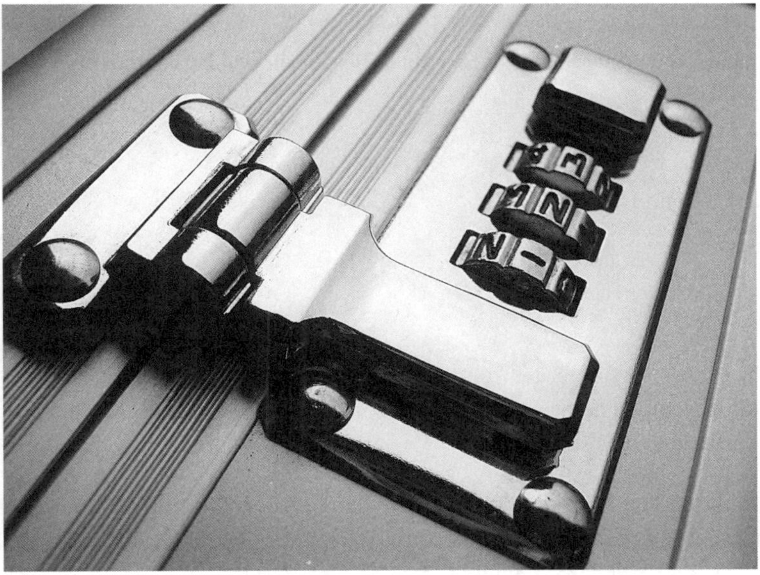

Schulaufgabe 12

BE

1 Berechne ohne Verwendung des Taschenrechners aber mit einer ausführlichen und nachvollziehbaren Darstellung deiner Lösungsschritte.

a) $(\sqrt[3]{216})^2$ 1

b) $27^{-0,4} \cdot \sqrt[5]{3}$ 2

2 Vereinfache so weit wie möglich. r steht dabei für eine beliebige positive reelle Zahl.

$(r^{-0,8})^{2,5} \cdot \sqrt[4]{16r^8}$ 3

3 Suche aus den drei Termen

- $T_1(a) = \sqrt[6]{a^2}$
- $T_2(a) = \dfrac{1}{a^{-0,\overline{3}}}$
- $T_3(a) = \sqrt[3]{a^{0,\overline{6}}}$

den- oder diejenigen heraus, die zum Term $T(a) = (\sqrt[6]{a})^2$ nicht äquivalent sind. Begründe deine Aussagen. 5

4 Die Produktion von Büroklammern ist in einer Fabrik auf drei Maschinen A, B und C zu 40 %, 35 % und 25 % verteilt. Die Maschinen produzieren einen Ausschuss von 4 %, 5 % und 6 %.
Wie groß ist die Wahrscheinlichkeit, dass eine zufällig aus der Produktion ausgewählte Büroklammer defekt ist? 4

5 Frau Argus unterrichtet Geschichte und hält pro Schuljahr 4 Stegreifaufgaben ab. Aufgrund langjähriger Erfahrung weiß sie, dass sie bei jedem Schüler ihrer Klasse Spickversuche bei Stegreifaufgaben mit 30 %iger Wahrscheinlichkeit entdeckt.

a) Zufrieden verkündet sie, dass es bei ihr mit mehr als 100 % Sicherheit ausgeschlossen ist, dass ein Schüler in allen 4 Stegreifaufgaben unentdeckt spicken kann.
Welche Überlegungen veranlassen Frau Argus zu dieser Aussage? Welcher Fehler steckt in ihren Überlegungen? 4

b) Mit welcher Wahrscheinlichkeit entdeckt sie einen bei allen Stegreifaufgaben eines Schuljahrs spickenden Schüler nicht? 3

6 Das Bild aus einem Werbeprospekt zeigt ein Dachgiebelfenster. Zwei Innenwinkel des Fensters sind 90°, ein weiterer 63° groß. Ferner gilt: $\overline{AB} = 1{,}25\text{ m}$ und $\overline{BC} = 1{,}75\text{ m}$. Berechne den Umfang des Vierecks ABCD.

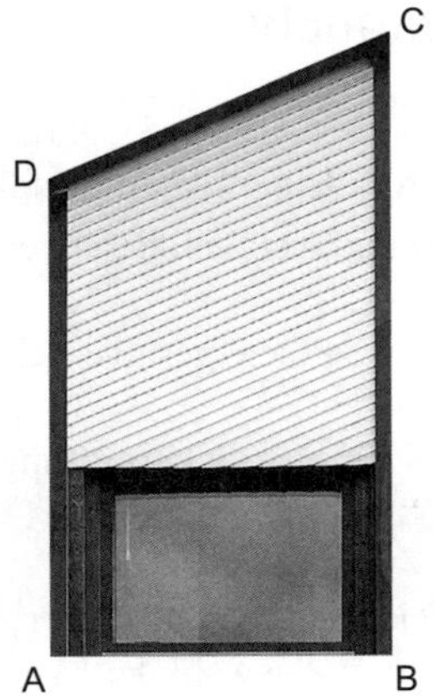

8

Hinweise und Tipps

1
- Merkwert aus der 5. Jahrgangsstufe: $216 = 6^3$
- Verwende bei b die Primfaktorzerlegung von 27 und wende geeignete Potenzgesetze an. Beachte, dass $a^{-1} = \frac{1}{a}$.

2 Wende die Potenzgesetze richtig an.

3 Vergiss bei einer Überprüfung auf Äquivalenz nicht, die Definitionsmengen zu vergleichen.

4
- Zweistufiges Zufallsexperiment
- 1. Stufe: Auswahl der Maschine
- 2. Stufe: Büroklammer in Ordnung oder defekt
- 1. und 2. Pfadregel anwenden

5
- Für welche Wahrscheinlichkeit interessiert sich Frau Argus?
- Es liegt ein 4-stufiges Zufallsexperiment vor. Zeichne nur den relevanten Pfad aus dem Baumdiagramm.

6 Zeichne eine Parallele zu AB durch D und wende geeignete Winkelfunktionen in dem ausgeschnittenen Dreieck an.

Lösung

1 a) 2 Minuten,

$(\sqrt[3]{216})^2$		
$=(\sqrt[3]{6^3})^2$	Merkwert aus der 5. Jahrgangsstufe: $216=6^3$	0,5
$=6^2=36$		0,5

b) 3 Minuten,

$27^{-0,4}\cdot\sqrt[5]{3}$		
$=(3^3)^{-\frac{2}{5}}\cdot 3^{\frac{1}{5}}$	$\sqrt[n]{a}=a^{\frac{1}{n}}$	0,5
$=3^{-\frac{6}{5}}\cdot 3^{\frac{1}{5}}$	Potenzgesetz	0,5
$=3^{-1}$	Potenzgesetz	0,5
$=\frac{1}{3}$	$a^{-1}=\frac{1}{a}$	0,5

2 5 Minuten, /

$(r^{-0,8})^{2,5}\cdot\sqrt[4]{16r^8}$		
$=r^{-2}\cdot(2^4\cdot r^8)^{\frac{1}{4}}$	$\sqrt[n]{a}=a^{\frac{1}{n}}$	1
$=r^{-2}\cdot 2\cdot r^2$	Potenzgesetz	1
$=2$	Potenzgesetz; $a^0=1$	1

3 7 Minuten,

Zwei Terme T_1 und T_2 sind äquivalent, wenn sie die gleichen Definitionsmengen besitzen und bei jeder Einsetzung aus der Definitionsmenge denselben Wert annehmen. 1

T(a) besitzt die Definitionsmenge $\mathbb{R}^+$. Für positive a gilt:

$T(a)=(\sqrt[6]{a})^2=(a^{\frac{1}{6}})^2=a^{\frac{1}{3}}$ 1

- $T_1(a)$ besitzt die Definitionsmenge $\mathbb{R}$ und ist wegen der unterschiedlichen Definitionsmengen nicht äquivalent zu T(a), obwohl für positive a gilt:

  $T_1(a)=\sqrt[6]{a^2}=(a^2)^{\frac{1}{6}}=a^{\frac{2}{6}}=a^{\frac{1}{3}}$ 1

- $T_2(a)$ besitzt die Definitionsmenge $\mathbb{R}^+$. Für positive a gilt:
  $$T_2(a) = \frac{1}{a^{-0,\overline{3}}} = \frac{1}{a^{-\frac{1}{3}}} = a^{\frac{1}{3}}$$
  T_2 ist äquivalent zum Term T(a). 1
- $T_3(a)$ besitzt zwar die Definitionsmenge $\mathbb{R}^+$. Für positive a gilt jedoch:
  $$T_3(a) = \sqrt[3]{a^{0,\overline{6}}} = (a^{\frac{2}{3}})^{\frac{1}{3}} = a^{\frac{2}{9}}$$
  Wegen $a^{\frac{2}{9}} \neq a^{\frac{1}{3}}$ ist T_3 nicht äquivalent zum Term T(a). 1

4 6 Minuten, /

Es stehen

- A, B, C für: „Die ausgewählte Büroklammer wurde von Maschine A, B, C produziert."
- D für: „Die ausgewählte Büroklammer ist defekt."
- $\overline{D}$ für: „Die ausgewählte Büroklammer ist nicht defekt."

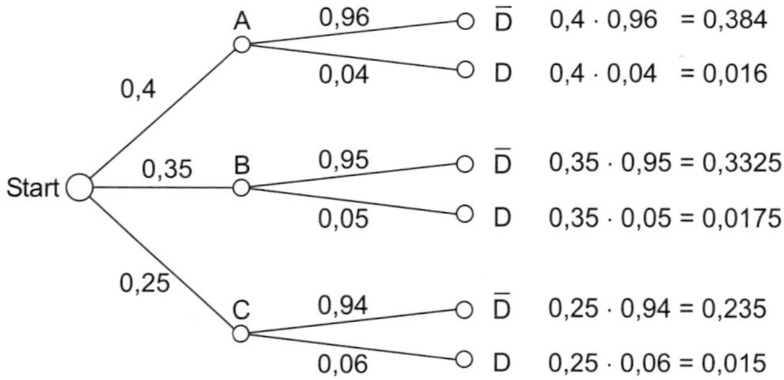

3

Nach der 1. und 2. Pfadregel gilt:

P(„Büroklammer ist defekt") $= 0{,}4 \cdot 0{,}04 + 0{,}35 \cdot 0{,}05 + 0{,}25 \cdot 0{,}06$

$= \mathbf{0{,}0485}$ 1

5 a) 6 Minuten, /

Überlegung von Frau Argus:

Wenn ich einen spickenden Schüler bei 1 Stegreifaufgabe mit 30 % Wahrscheinlichkeit entdecke, so entdecke ich ihn, wenn er bei 4 Stegreifaufgaben spickt, mit einer Wahrscheinlichkeit von $4 \cdot 30\,\% = 120\,\%$. 2

Fehler in der Überlegung:
Frau Argus interessiert sich für die Wahrscheinlichkeit, dass sie einen bei 4 Stegreifaufgaben spickenden Schüler mindestens einmal erwischt. Dazu darf sie aber nicht die Einzelwahrscheinlichkeiten für „Schüler, der bei einer Stegreifaufgabe spickt, wird entdeckt." addieren.
Sie darf die Einzelwahrscheinlichkeiten aber auch nicht multiplizieren, denn dann berechnet sie die Wahrscheinlichkeit dafür, dass sie einen 4-mal spickenden Schüler jedes Mal erwischt. 2

b) 5 Minuten,
Stehen

- S für: „Schüler, der bei einer Stegreifaufgabe spickt, wird entdeckt.",
- $\overline{S}$ für: „Schüler, der bei einer Stegreifaufgabe spickt, wird nicht entdeckt.",

so führt genau ein Pfad im Baumdiagramm zu dem Ereignis „Schüler, der bei 4 Stegreifaufgaben spickt, wird nicht entdeckt":

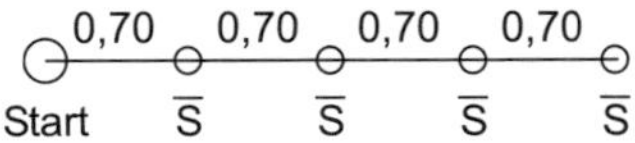

Nach der 1. Pfadregel gilt:
P(„Schüler, der in 4 Stegreifaufgaben spickt, wird nicht entdeckt")
$= 0{,}70 \cdot 0{,}70 \cdot 0{,}70 \cdot 0{,}70 = 0{,}2401$ 3

Hinweis: Frau Argus kann also nur mit $1 - 0{,}2401 \approx 0{,}76 = 76\ \%$ Sicherheit ausschließen, dass ein Schüler in allen 4 Stegreifaufgaben unentdeckt spicken kann.

6 11 Minuten, /
Überlegungsfigur:

- Hilfslinie parallel zu AB durch D einzeichnen
- Die gegebenen Innenwinkel können nur wie eingezeichnet liegen.
- ∢ EDC ergibt sich aus der Winkelsumme im Dreieck DEC.

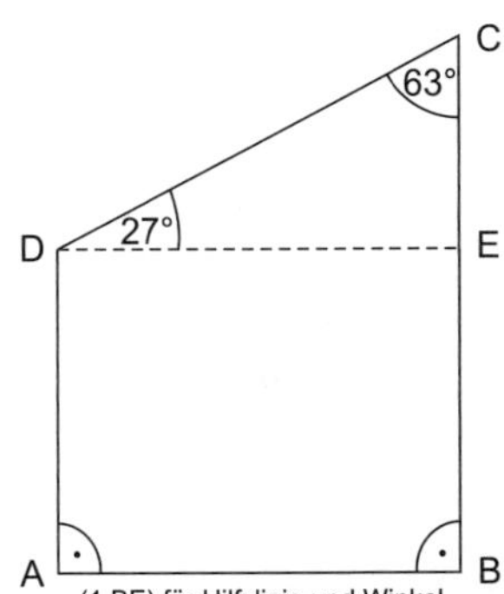

(1 BE) für Hilfslinie und Winkel 1

Berechnung von $\overline{CE}$:

$\tan 27° = \frac{\overline{CE}}{\overline{DE}}$	Tangensfunktion im Dreieck DEC	1
$\Rightarrow \overline{CE} = \overline{DE} \cdot \tan 27°$		1
$= 1{,}25\,m \cdot \tan 27° \approx 0{,}64\ m$	$\overline{DE} = \overline{AB}$	1

Berechnung von $\overline{CD}$:

$\sin 27° = \frac{\overline{CE}}{\overline{CD}}$	Sinusfunktion im Dreieck DEC	1
$\Rightarrow \overline{CD} = \frac{\overline{CE}}{\sin 27°}$		1
$= \frac{0{,}64\ m}{\sin 27°} \approx 1{,}41\ m$		1

Berechnung des Umfangs:

$$U = \overline{AB} + \overline{BC} + \overline{CD} + \overline{DA}$$
$$= \overline{AB} + \overline{BC} + \overline{CD} + (\overline{BC} - \overline{CE})$$
$$= 1{,}25\ m + 1{,}75\ m + 1{,}41\ m + (1{,}75\ m - 0{,}64\ m)$$
$$= 5{,}52\ m$$ 1

Schulaufgabe 13

BE

1 z steht für eine beliebige positive reelle Zahl. Fasse so weit wie möglich zusammen.

a) $(\sqrt[4]{z})^5 \cdot z^{\frac{-3}{2}} \cdot z^{0,25}$ 2

b) $\sqrt{z\sqrt{z}} \cdot \sqrt[3]{z}$ 3

2 Berechne die Lösungsmenge der Gleichung $(6-3x)^{-3} = \frac{1}{27}$ über der Grundmenge $\mathbb{G} = \mathbb{R}$. 2

3 Peter würfelt mit einem Laplace-Würfel.

- Würfelt er eine 3, so erhält er einen Euro, würfelt er eine andere Zahl, muss er einen Euro bezahlen. Er gewinnt oder verliert also bei jedem Würfelvorgang genau einen Euro.
- Er muss mit dem Würfeln aufhören, wenn er 0 oder 3 Euro hat.
- Besitzt er 1 oder 2 Euro, muss er weiterspielen.
- Er darf höchstens 3-mal würfeln.
- Peter beginnt das Spiel mit 1 Euro.

a) Zeichne einen Ereignisbaum für „Peter besitzt am Spielende 0, 1, 2, 3 Euro“ und trage über den Teilpfaden die zugehörigen Wahrscheinlichkeiten ein. 3

b) Mit welchen Wahrscheinlichkeiten besitzt Peter am Spielende 0, 1, 2, 3 Euro? 4

4 Höhepunkt der Jahresschlussfeier des Schachvereins ist das Spiel „Weißer Bauer“. Jedes der 32 Vereinsmitglieder – darunter Peter – darf aus einem undurchsichtigen Stoffsack, in dem sich 31 schwarze und 1 weißer Bauer befinden, genau eine Figur ohne Zurücklegen ziehen. Die Person, welche den weißen Bauer zieht, erhält den Jahresüberschuss in der Vereinskasse, diesmal 125,75 €. Peter überlegt, als Wievielter er ziehen soll.
Hilf ihm bei seinen Überlegungen. 5

5 Das Bild zeigt einen Teil der 2 460 m langen Brücke von Millau (Frankreich), deren Fahrbahn an der höchsten Stelle 270 m über dem Tal liegt, und deren höchster Pfeiler mit 343 m um knapp 20 m die Höhe des Eiffelturms übertrifft.

Ordne, ohne zu messen und ohne den Taschenrechner zu verwenden, die Kosinuswerte der Winkel α, β, γ in einer fallenden Ungleichungskette. 3

6 Ein senkrecht gewachsener Baum wurde vom Sturm geknickt. Seine Spitze berührt den Boden 5 m vom Stamm entfernt. Der abgeknickte Teil des Baums schließt mit dem Stamm einen Winkel von 60° ein.
Fertige eine Überlegungsfigur an und berechne die ursprüngliche Höhe des Baums. 8

Hinweise und Tipps

1 Erinnere dich an die Definition $\sqrt[n]{a} = a^{\frac{1}{n}}$ und wende geeignete Potenzgesetze an.

2 Für alle a und b gilt: $a^3 = b^3 \Rightarrow a = b$

3
- Es handelt sich um ein 3-stufiges Zufallsexperiment.
- Wende die erste und zweite Pfadregel an.

4
- Wenn Peter an n-ter Stelle zieht, liegt ein n-stufiges Zufallsexperiment vor.
- Berechne die Wahrscheinlichkeit, wenn Peter an 1., 2., 3. Stelle zieht und überlege, was dieses Ergebnis bedeutet.

5 Je kleiner ein spitzer Winkel, desto größer sein Kosinus.

6
- Bilde ein Dreieck aus dem senkrechten Stamm, dem abgeknickten Teil und dem Boden.
- Berechne zuerst die Höhe des noch stehenden Stamms und dann die Länge des abgeknickten Teils.
- Verwende dazu geeignete Winkelfunktionen im Dreieck.

Lösung

1 a) 3 Minuten,

$(\sqrt[4]{z})^5 \cdot z^{\frac{-3}{2}} \cdot z^{0,25}$		
$= z^{\frac{5}{4}} \cdot z^{\frac{-6}{4}} \cdot z^{\frac{1}{4}}$	$\sqrt[n]{a} = a^{\frac{1}{n}}$; Potenzgesetz	1
$= z^0 = 1$	Potenzgesetz	1

b) 3 Minuten,

$\sqrt{z\sqrt{z}} \cdot \sqrt[3]{z}$		
$= \left(z \cdot z^{\frac{1}{2}}\right)^{\frac{1}{2}} \cdot z^{\frac{1}{3}}$	$\sqrt[n]{a} = a^{\frac{1}{n}}$	1
$= z^{\frac{1}{2}} \cdot z^{\frac{1}{4}} \cdot z^{\frac{1}{3}}$	Potenzgesetz	0,5
$= z^{\frac{1}{2}+\frac{1}{4}+\frac{1}{3}}$	Potenzgesetz	0,5
$= z^{\frac{13}{12}}$		
$= z \cdot z^{\frac{1}{12}}$		0,5
$= z \cdot \sqrt[12]{z}$	$\sqrt[n]{a} = a^{\frac{1}{n}}$	0,5

2 3 Minuten, /

$(6-3x)^{-3} = \frac{1}{27}$		
$(6-3x)^{-3} = \frac{1}{3^3}$		0,5
$(6-3x)^{-3} = 3^{-3}$	$a^{-1} = \frac{1}{a}$	0,5
$6-3x = 3$	$a^3 = b^3 \Leftrightarrow a = b$	0,5
$3x = 3$	zunächst 6 subtrahieren und dann mit –1 multiplizieren	
$x = 1$	durch 3 dividieren	0,5

3 a) 7 Minuten, /

Im folgenden Baumdiagramm bedeuten:

3: „Peter hat eine 3 gewürfelt."

$\overline{3}$: „Peter hat keine 3 gewürfelt."

Die in den Kreisen stehenden Zahlen geben Peters jeweiligen „Kontostand" in Euro an.

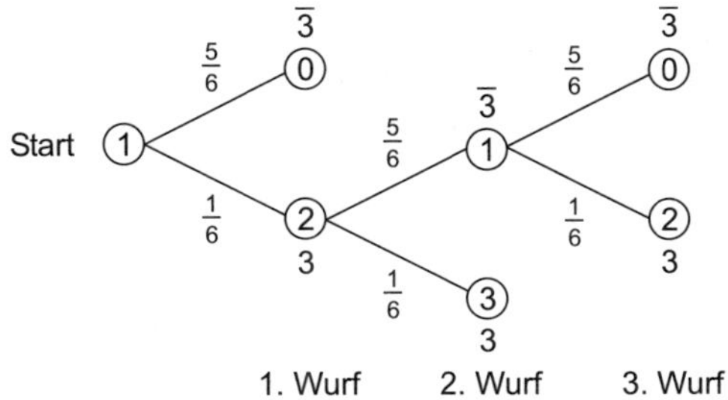

3

b) 6 Minuten,

$P(\text{„Peter besitzt am Spielende 0 €“}) = \frac{5}{6} + \frac{1}{6} \cdot \frac{5}{6} \cdot \frac{5}{6} = \frac{205}{216}$ 1

$P(\text{„Peter besitzt am Spielende 1 €“}) = 0$ 1

$P(\text{„Peter besitzt am Spielende 2 €“}) = \frac{1}{6} \cdot \frac{5}{6} \cdot \frac{1}{6} = \frac{5}{216}$ 1

$P(\text{„Peter besitzt am Spielende 3 €“}) = \frac{1}{6} \cdot \frac{1}{6} = \frac{1}{36}$ 1

4 10 Minuten,

- $P(\text{„Peter zieht als Erstziehender den weißen Bauern“}) = \frac{1}{32}$
- Zieht Peter als Zweitziehender den weißen Bauern, muss der vor ihm ziehende Vereinskamerad aus 32 Bauern, von denen 31 schwarz sind, einen schwarzen Bauern gezogen haben. Die Wahrscheinlichkeit dafür beträgt $\frac{31}{32}$. Peter findet nur noch 31 Bauern vor, von denen einer weiß ist. Daher gilt nach der 1. Pfadregel:
  $P(\text{„Peter zieht als Zweitziehender den weißen Bauern“}) = \frac{31}{32} \cdot \frac{1}{31} = \frac{1}{32}$
- Zieht Peter als Dritter den weißen Bauern, haben der Erstziehende aus 32 Bauern, von denen 31 schwarz sind, und der Zweitziehende aus 31 Bauern, von denen 30 schwarz sind, einen schwarzen Bauern gezogen. Peter findet nur noch 30 Bauern vor, von denen einer weiß ist. Daher gilt nach der 1. Pfadregel:
  $P(\text{„Peter zieht als Drittziehender den weißen Bauern“})$
  $= \frac{31}{32} \cdot \frac{30}{31} \cdot \frac{1}{30} = \frac{1}{32}$
- usw.

Die Wahrscheinlichkeit dafür, dass Peter an n-ter Stelle ziehend den weißen Bauern zieht, hängt nicht von n ab. Sie beträgt immer $\frac{1}{32}$. 5

5 3 Minuten, /

Mit Augenmaß erkennt man, dass: $0<\alpha<\gamma<\beta<90°$ 1

Da Kosinuswerte für Winkel im 1. Quadranten umso kleiner sind, je größer der Winkel ist, gilt: 1

$\cos\alpha > \cos\gamma > \cos\beta$ 1

6 10 Minuten,

Überlegungsfigur:

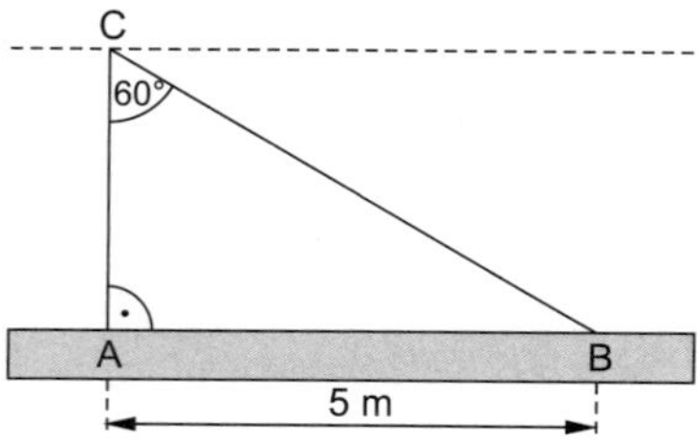

1

Berechnung von $\overline{AC}$:

$\tan 60° = \dfrac{\overline{AB}}{\overline{AC}}$ Tangensfunktion im Dreieck ABC 1

$\Rightarrow \overline{AC} = \dfrac{\overline{AB}}{\tan 60°}$ 1

$= \dfrac{5\text{ m}}{\tan 60°} = \dfrac{5}{\sqrt{3}}\text{ m}$ 0,5

Berechnung von $\overline{BC}$:

$\sin 60° = \dfrac{\overline{AB}}{\overline{BC}}$ Sinusfunktion im Dreieck ABC 1

$\Rightarrow \overline{BC} = \dfrac{\overline{AB}}{\sin 60°}$ 1

$= \dfrac{5\text{ m}}{\frac{1}{2}\sqrt{3}} = \dfrac{10}{\sqrt{3}}\text{ m}$ 0,5

Berechnung der ursprünglichen Höhe h:

$h = \overline{AC} + \overline{BC}$ 0,5

$= \dfrac{5}{\sqrt{3}}\text{ m} + \dfrac{10}{\sqrt{3}}\text{ m}$ 0,5

$= \dfrac{15}{\sqrt{3}}\text{ m} \approx 8{,}7\text{ m}$ 1

Schulaufgabe 14

BE

1 Vereinfache den Term $\sqrt{13}-(1-\sqrt[4]{13})\cdot(1+\sqrt[4]{13})$ so weit wie möglich. 2

2 Berechne die Lösungsmenge der Ungleichung $x^{-\frac{1}{2}} > 0{,}25$ über der Grundmenge $\mathbb{G}=\mathbb{R}^{+}$. 2

3 Warum ist $\sqrt[3]{-8}$ nicht gleich –2, wo doch $(-2)\cdot(-2)\cdot(-2)=-8$ ist? 4

4 Bei einem Multiple-Choice-Test sind 10 Fragen zu beantworten. Bei jeder Frage werden 5 Antworten vorgeschlagen. Nur eine davon ist richtig. Peter hat keine Ahnung und verlässt sich vollkommen aufs Raten. Mit welcher Wahrscheinlichkeit beantwortet er

a) alle Fragen falsch, 3

b) genau eine Frage richtig, 3

c) höchstens eine Frage richtig, 3

d) mindestens eine Frage richtig? 3

5 Vereinfache den Term

$$\frac{1}{\tan\alpha}\cdot\sqrt{1-(\cos\alpha)^2}$$

so weit wie möglich, wenn der Winkel α nur Werte annimmt, die größer als 0° und kleiner als 90° sind. 2

6 Franz, der Bergfex, peilt vom $a = 118$ m über dem Wasserspiegel des Sees liegenden Punkt A den Berggipfel S und dessen Spiegelbild S' im See an, und misst dann jeweils gegen die Horizontale $\delta = 56°$ und $\varphi = 62°$.

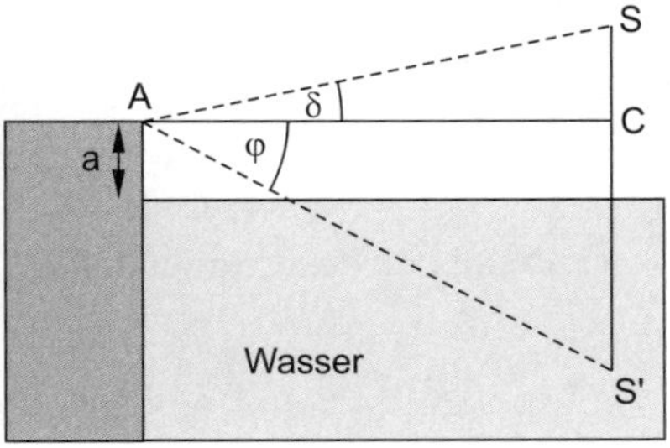

a) Zeige, dass $\overline{SC} = \overline{S'C} \cdot \dfrac{\tan\delta}{\tan\varphi}$. 3

b) Zeige, dass $\overline{SC} + 236\text{ m} = \overline{S'C}$. 2
Hinweis: Die Strecke [SS'] wird nach den Gesetzen der Optik durch den Wasserspiegel halbiert.

c) Wie viele Meter über dem Seespiegel liegt S? 3

Hinweise und Tipps

1 Verwende anstelle der Wurzel- die Potenzdarstellung und denke an die binomischen Formeln.

2
- Schreibe 0,25 als gemeinen Bruch.
- Für positive Zahlen a und b gilt: $\sqrt{a} > \sqrt{b} \quad \Leftrightarrow \quad a > b$

3 Unter Beachtung von $a^{\frac{1}{3}} = a^{\frac{2}{6}}$ kannst du zeigen, dass $\sqrt[3]{-8} = +2$.

4
- Es handelt sich jeweils um ein zehnstufiges Zufallsexperiment.
- Bei a reicht die 1. Pfadregel.
- Bei b benötigst du beide Pfadregeln.
- Verwende bei c die Ergebnisse aus den beiden vorherigen Teilaufgaben.
- Argumentiere bei d mit dem Gegenereignis und verwende das Ergebnis aus Teilaufgabe a.

5
- Denke an den trigonometrischen Pythagoras.
- Welcher Zusammenhang besteht zwischen tan einerseits und sin und cos andererseits?

6
- Drücke $\tan\delta$ und $\tan\varphi$ durch Strecken aus der Zeichnung aus.
- Warum gilt $\overline{SC} + 118\text{ m} = \overline{S'C} - 118\text{ m}$?
- Verwende bei c die Ergebnisse aus den vorangehenden Teilaufgaben.

Lösung

1 4 Minuten,

$\sqrt{13}-(1-\sqrt[4]{13})\cdot(1+\sqrt[4]{13})$		
$=\sqrt{13}-(1-13^{\frac{1}{4}})(1+13^{\frac{1}{4}})$	$\sqrt[n]{a}=a^{\frac{1}{n}}$	0,5
$=\sqrt{13}-\left(1-(13^{\frac{1}{4}})^2\right)$	binomische Formel	0,5
$=\sqrt{13}-(1-13^{\frac{1}{2}})$	Potenzgesetz	0,5
$=\sqrt{13}-(1-\sqrt{13})$	$\sqrt[n]{a}=a^{\frac{1}{n}}$	
$=2\sqrt{13}-1$	Klammer auflösen und zusammenfassen	0,5

2 4 Minuten,

$x^{-\frac{1}{2}}>0,25$		
$\Leftrightarrow\ \left(\frac{1}{x}\right)^{\frac{1}{2}}>\frac{1}{4}$	$a^{-1}=\frac{1}{a}$	0,5
$\Leftrightarrow\ \sqrt{\frac{1}{x}}>\sqrt{\frac{1}{16}}$	$\sqrt[n]{a}=a^{\frac{1}{n}}$	0,5
$\Leftrightarrow\ \frac{1}{x}>\frac{1}{16}$	für a, b > 0 gilt: $\sqrt{a}>\sqrt{b}\ \Leftrightarrow\ a>b$	0,5
$\Leftrightarrow\ 16>x$	für a, b > 0 gilt: $\frac{1}{a}>\frac{1}{b}\ \Leftrightarrow\ b>a$	0,5
$\mathbb{L}=]0;\ 16[$	$\mathbb{G}=\mathbb{R}^+$	

3 6 Minuten,

Wäre $\sqrt[3]{-8}$ so definierbar, dass man die Rechenregeln für Wurzeln darauf anwenden kann, könnte man folgende Umformungen durchführen:

Variante 1 2

$\sqrt[3]{-8}$	
$=(-8)^{\frac{1}{3}}$	$\sqrt[n]{a}=a^{\frac{1}{n}}$
$=\left[(-2)^3\right]^{\frac{1}{3}}$	weil $(-2)(-2)(-2)=-8$
$=(-2)^1=-2$	Potenzgesetz

Variante 2 2

$\sqrt[3]{-8}$

$= (-8)^{\frac{1}{3}} = (-8)^{\frac{2}{6}}$ weil $\frac{1}{3} = \frac{2}{6}$

$= \left[(-8)^2\right]^{\frac{1}{6}}$ Potenzgesetz

$= 64^{\frac{1}{6}}$ weil $(-8)(-8) = 64$

$= (2^6)^{\frac{1}{6}}$ weil $64 = 2^6$

$= (2)^1 = 2$ Potenzgesetz

Bei beiden Varianten liegen keine Verstöße gegen Rechen- oder Potenzgesetze vor. Man erhält den Widerspruch $-2 = 2$.

4 5 Minuten,

Steht

- F für „Peter beantwortet eine vorgelegte Frage falsch“ und
- R für „Peter beantwortet eine vorgelegte Frage richtig“,

so gilt:

$P(F) = \frac{4}{5} = 0{,}8$ und $P(R) = \frac{1}{5} = 0{,}2$ 1

a) Der Test lässt sich dann als 10-stufiges Zufallsexperiment auffassen. Zu dem Ereignis „Peter beantwortet alle Fragen falsch“ gehört nur der folgende Pfad im Baumdiagramm:

1

Daher gilt nach der 1. Pfadregel:

P(„Peter beantwortet alle Fragen falsch“) $= \underbrace{0{,}8 \cdot \ldots \cdot 0{,}8}_{10\text{-mal}} = 0{,}8^{10} \approx 0{,}107$ 1

b) 3 Minuten,

Beantwortet Peter genau die i-te Frage ($1 \leq i \leq 10$) richtig, so muss das i-te F im Pfad aus Teilaufgabe a durch ein R ersetzt werden. 0,5

Nach der 1. Pfadregel gilt dann für die zugehörige Wahrscheinlichkeit:

P(„Peter beantwortet nur die i-te Frage richtig“) $= 0{,}2 \cdot 0{,}8^9$ 1

Da es 10 verschiedene Pfade mit genau einem R und 9 F gibt, gilt nach der 2. Pfadregel: 0,5

P(„Peter beantwortet genau eine Frage richtig") $= 10 \cdot 0{,}2 \cdot 0{,}8^9 \approx 0{,}268$ 1

c) 3 Minuten,

Nach der 2. Pfadregel gilt:

P(„Peter beantwortet höchstens eine Frage richtig")

= P(„Peter beantwortet alle Fragen falsch") + P(„Peter beantwortet genau eine Frage richtig") 2

$= 0{,}107 + 0{,}268 = 0{,}375$ 1

d) 3 Minuten,

P(„Peter beantwortet mindestens eine Frage richtig")

= 1 − P(„Peter beantwortet keine Frage richtig") 2

$= 1 - 0{,}107 = 0{,}893$ 1

5 4 Minuten, /

$$\frac{1}{\tan\alpha}\cdot\sqrt{1-(\cos\alpha)^2}$$

$$=\frac{1}{\tan\alpha}\cdot\sqrt{(\sin\alpha)^2} \qquad (\sin\alpha)^2+(\cos\alpha)^2=1 \qquad 0{,}5$$

$$=\frac{1}{\tan\alpha}\cdot|\sin\alpha| \qquad \sqrt{a^2}=|a|$$

$$=\frac{1}{\tan\alpha}\cdot\sin\alpha \qquad \text{für } 0<\alpha<90^\circ \text{ ist } \sin\alpha>0 \qquad 0{,}5$$

$$=\frac{1}{\frac{\sin\alpha}{\cos\alpha}}\cdot\sin\alpha \qquad \tan\alpha=\frac{\sin\alpha}{\cos\alpha} \qquad 0{,}5$$

$$=\frac{\sin\alpha\cdot\cos\alpha}{\sin\alpha}=\cos\alpha \qquad \text{Kürzen} \qquad 0{,}5$$

6 a) 5 Minuten, /

$$\left.\begin{aligned}\tan\delta&=\frac{\overline{SC}}{\overline{AC}}\\ \tan\varphi&=\frac{\overline{S'C}}{\overline{AC}}\end{aligned}\right\}\Rightarrow\ \frac{\tan\delta}{\tan\varphi}=\frac{\frac{\overline{SC}}{\overline{AC}}}{\frac{\overline{S'C}}{\overline{AC}}}=\frac{\overline{SC}}{\overline{S'C}} \qquad 2$$

$$\Rightarrow\ \overline{SC}=\overline{S'C}\cdot\frac{\tan\delta}{\tan\varphi}\quad(*) \qquad 1$$

b) 3 Minuten, /

Aus dem Hinweis folgt:

$\overline{SC} + 118\text{ m} = \overline{S'C} - 118\text{ m}$ 1

$\Rightarrow \overline{SC} + 236\text{ m} = \overline{S'C}$ (**) 1

c) 5 Minuten,

(**) in (*): $\overline{SC} = (\overline{SC} + 236\text{ m}) \cdot \dfrac{\tan\delta}{\tan\varphi}$		0,5
$= (\overline{SC} + 236\text{ m}) \cdot \dfrac{\tan 56^\circ}{\tan 62^\circ}$	Werte einsetzen	0,5
$\approx (\overline{SC} + 236\text{ m}) \cdot 0{,}788$		
$\approx 0{,}788 \cdot \overline{SC} + 186{,}0\text{ m}$	Distributivgesetz	0,5
$\Rightarrow 0{,}212 \cdot \overline{SC} = 186{,}0\text{ m}$	auf beiden Seiten $0{,}788 \cdot \overline{SC}$ subtrahieren	0,5
$\overline{SC} = \dfrac{186{,}0}{0{,}212}\text{ m} \approx 877\text{ m}$	durch 0,212 dividieren	0,5

S liegt daher 877 m + 118 m = 995 m über dem Seespiegel. 0,5

Schulaufgabe 15

BE

1 Berechne über der Grundmenge $\mathbb{G} = \mathbb{R}$ die Lösungsmenge folgender Gleichung:
$\sqrt[3]{3x-1} = 2$ 2

2 Unsere Sonne ist ein Stern. Sie besitzt die Masse $M_{Sonne} = 1{,}9891 \cdot 10^{30}$ kg und den Radius $R_{Sonne} = 6{,}957 \cdot 10^{8}$ m.

- Unter der Leuchtkraft L eines Sterns versteht man die von ihm pro Sekunde abgestrahlte Energie. L ist proportional zur 3,5-ten Potenz der Sternenmasse M. Es gilt also:
  $L = k \cdot M^{3{,}5}$; k ist dabei eine Konstante.
- Der Radius R eines Sterns, der eine größere Masse als die Sonne besitzt, ist proportional zur 0,6-ten Potenz seiner Masse M. Es gilt also:
  $R = c \cdot M^{0{,}6}$; c ist dabei eine Konstante.

Folgende Fragen beziehen sich auf einen Stern von doppelter Sonnenmasse.

a) Um wie viel Mal ist seine Leuchtkraft größer als die Leuchtkraft der Sonne? 3

b) Wie groß ist sein Radius? 3

3 10 % bzw. 30 % aller Zecken in den Waldrevieren Wieselschlag bzw. Dachssteig sind mit dem Erreger *Borrelia burgdorferi* infiziert.
Waldarbeiter Franz wird am Montag im Wieselschlag und am Dienstag im Dachssteig von einer Zecke gestochen.
Mit welcher Wahrscheinlichkeit ist er von mindestens einer Borrelienträgerin gebissen worden? 3

4 Die Abbildungen zeigen die Netze der Würfel A und B. Anton spielt mit Würfel A, Berta mit Würfel B. Jeder würfelt genau einmal. Gewinner ist, wer die höhere Zahl geworfen hat.

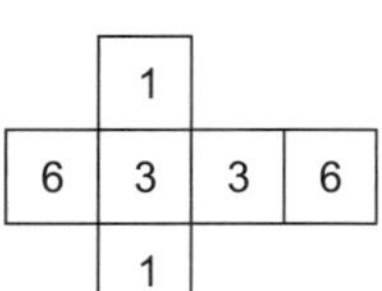

Würfel A

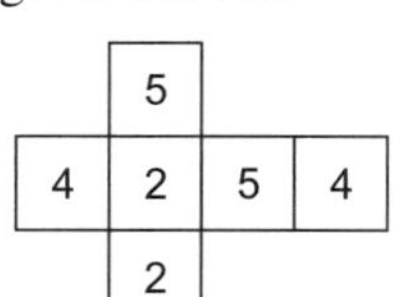

Würfel B

a) Mit welcher Wahrscheinlichkeit gewinnt Berta? 4
b) Mit welcher Wahrscheinlichkeit gewinnt sie mindestens eines von 3 Spielen? 3
c) If Anton rolls both dice, what is the probability of getting an odd number as sum? 4

5 Welche der folgenden Aussagen sind wahr, wenn $\overline{AB} = 4{,}56$ km und $\overline{BC} = 4{,}11$ km gilt?

$\frac{\sin\alpha}{\sin\beta} =$

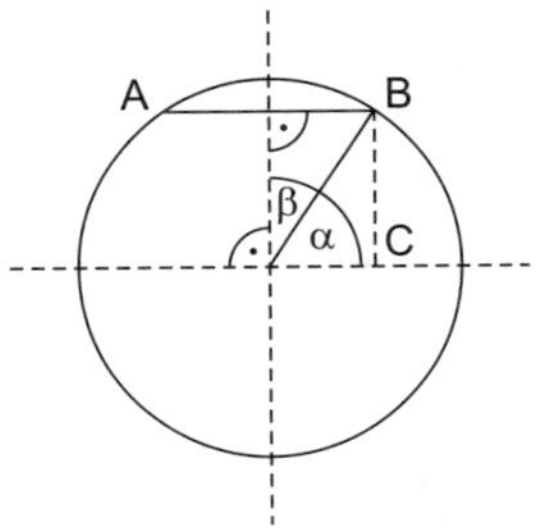

☐ $\tan\alpha$ ☐ 0,90 ☐ $\tan\beta$

☐ 1,11 ☐ 1,80

Begründe deine Lösung. 4

6 Die Luftaufnahme zeigt das Pentagon, ein Verwaltungsgebäude, das der Hauptsitz des US-amerikanischen Verteidigungsministeriums ist. Es liegt am Potomac River in Arlington (Virginia) direkt neben dem Nationalfriedhof Arlington an der Grenze zu Washington (D.C.). Seine Außenmauern haben die Form eines regelmäßigen Fünfecks. Die Gebäudeform gewährleistet, dass trotz einer Gesamtlänge aller Korridore von knapp 28,2 km jeder Punkt im Bau von jedem anderen Punkt innerhalb des Gebäudes in unter sieben Minuten erreichbar ist.

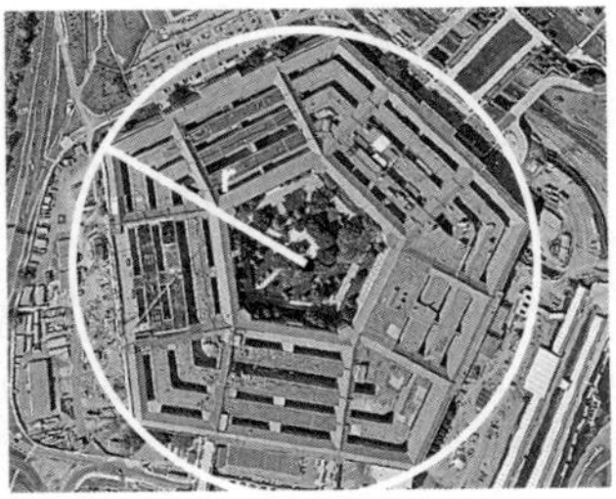

Die Außenmauern haben eine Länge von je $s = 280$ m.
Berechne den Flächeninhalt des eingezeichneten Kreises vom Radius r. 4

Hinweise und Tipps

1 Potenziere beide Gleichungsseiten mit 3.

2 Berechne unter Beachtung von $M_{Stern} = 2 \cdot M_{Sonne}$ die Quotienten $\frac{L_{Stern}}{L_{Sonne}}$ und $\frac{R_{Stern}}{R_{Sonne}}$.

3
- Es liegt ein zweistufiges Zufallsexperiment vor.
- Argumentiere über das Gegenereignis.

4
- Bei a liegt ein zweistufiges Zufallsexperiment vor. Im zugehörigen Baumdiagramm gibt es 5 Pfade für einen Gewinn von Berta.
- Berechne bei b die Wahrscheinlichkeit dafür, dass Berta alle 3 Spiele verliert und argumentiere über das Gegenereignis.
- Bei c liegt ein zweistufiges Zufallsexperiment vor. Im zugehörigen Baumdiagramm gibt es 5 Pfade für eine ungerade Augensumme.

5
- Beachte, dass $\sin(90° - \alpha) = \cos\alpha$.
- Ist einer der Zahlenwerte richtig, müssen die beiden anderen falsch sein.
- Beachte, dass $\alpha \neq \beta$.

6
- Zeichne in das gleichschenklige Dreieck, das aus zwei benachbarten Gebäudeeckpunkten und dem Kreismittelpunkt besteht, die Höhe auf die Basis ein.
- Wie groß sind die Innenwinkel dieses Dreiecks?
- Berechne den Kreisradius mithilfe der Definition des Sinus.

Lösung

1 3 Minuten, /

$\sqrt[3]{3x-1}=2$

$3x-1=2^3$	mit 3 potenzieren	0,5
$3x-1=8$		0,5
$3x=9$	1 addieren	0,5
$x=3$	durch 3 dividieren	0,5

$\Rightarrow \quad \mathbb{L}=\{3\}$

2 a) 4 Minuten,

$$\left.\begin{aligned} L_{Stern} &= k\cdot(M_{Stern})^{3,5} = k\cdot(2\cdot M_{Sonne})^{3,5} \\ L_{Sonne} &= k\cdot(M_{Sonne})^{3,5} \end{aligned}\right\} \Rightarrow$$ 1

$$\frac{L_{Stern}}{L_{Sonne}}=\frac{k\cdot(2\cdot M_{Sonne})^{3,5}}{k\cdot(M_{Sonne})^{3,5}}=2^{3,5}=11,3$$ 2

Bei doppelter Masse strahlt der Stern pro Sekunde die ca. 11,3-fache Energie ab.

b) 4 Minuten,

$$\frac{R_{Stern}}{R_{Sonne}}=\frac{c\cdot(M_{Stern})^{0,6}}{c\cdot(M_{Sonne})^{0,6}}=\left(\frac{M_{Stern}}{M_{Sonne}}\right)^{0,6}=\left(\frac{2\cdot M_{Sonne}}{M_{Sonne}}\right)^{0,6}=2^{0,6}$$ 1,5

$$\Rightarrow R_{Stern}=2^{0,6}\cdot R_{Sonne}=2^{0,6}\cdot 6,957\cdot 10^8\text{ m}=1,05\cdot 10^9\text{ m}$$ 1,5

3 5 Minuten,

Es liegt ein 2-stufiges Zufallsexperiment zugrunde.

Stufe 1: Zecke aus dem Wieselschlag ist infiziert ($p_1=0{,}10$) oder nicht ($q_1=0{,}90$). 0,5

Stufe 2: Zecke aus dem Dachssteig ist infiziert ($p_2=0{,}30$) oder nicht ($q_2=0{,}70$). 0,5

Dann gilt:

P(„mindestens eine Zecke war infiziert“)

= 1 − P(„keine Zecke war infiziert“) 1

$=1-0{,}9\cdot 0{,}7=1-0{,}63=0{,}37$

Franz wurde also mit einer Wahrscheinlichkeit von 37 % mit Borrelien infiziert. 1

4 a) 6 Minuten, /

Jedes Spiel kann als 2-stufiges Zufallsexperiment aufgefasst werden.
Stufe 1: Anton würfelt
Stufe 2: Berta würfelt
Die Reihenfolge kann auch vertauscht werden.
Die Skizze zeigt das zugehörige Baumdiagramm. 2

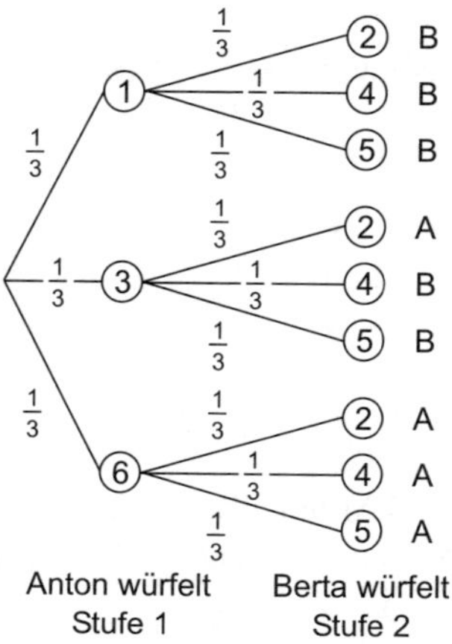

Die Gesamtwahrscheinlichkeit jedes Pfads beträgt nach der 1. Pfadregel: $\frac{1}{9}$ 1

Es gibt 5 Pfade, bei denen Berta als Siegerin aus dem Spiel hervorgeht (gekennzeichnet mit B) und 4, bei denen Anton gewinnt (gekennzeichnet mit A).
Nach der 2. Pfadregel gilt daher:

$$P(\text{„Berta gewinnt"}) = 5 \cdot \frac{1}{9} = \frac{5}{9}$$ 1

$$P(\text{„Berta verliert"}) = \frac{4}{9}$$

b) 4 Minuten,

P(„Berta gewinnt mindestens eines von 3 Spielen")

$= 1 - P$ („Berta verliert alle 3 Spiele") 1

$$= 1 - \frac{4}{9} \cdot \frac{4}{9} \cdot \frac{4}{9} \approx 0{,}912$$ 2

c) 6 Minuten,

Es liegt ein 2-stufiges Zufallsexperiment vor.
Stufe 1: Würfel A wird geworfen
Stufe 2: Würfel B wird geworfen

Die Skizze zeigt das zugehörige Baumdiagramm. 2
Die Gesamtwahrscheinlichkeit jedes Pfads beträgt wie in Teilaufgabe a nach der 1. Pfadregel: $\frac{1}{9}$ 1
Es gibt 5 Pfade, bei denen die Augensumme der geworfenen Zahlen ungerade ist (gekennzeichnet mit U) und 4 mit gerader Augensumme (gekennzeichnet mit G).
Nach der 2. Pfadregel gilt daher:
P(„Die Augensumme ist ungerade") $= 5 \cdot \frac{1}{9} = \frac{5}{9}$ 1

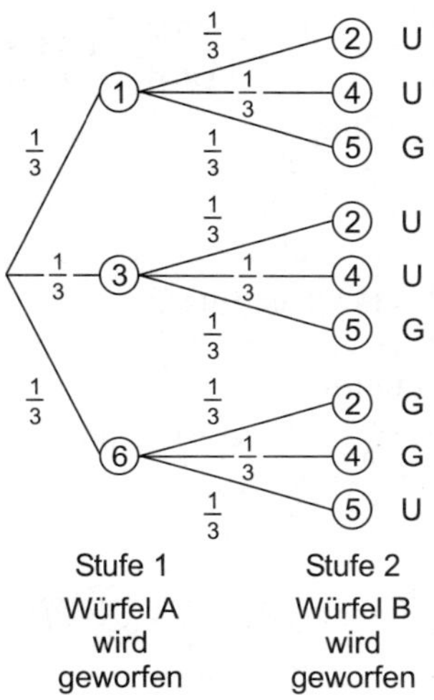

P(„Die Augensumme ist gerade") $= \frac{4}{9}$

So the probability of getting an odd number as sum equals $\frac{5}{9}$.

5 7 Minuten, /

$\frac{\sin\alpha}{\sin\beta} = \tan\alpha$ **ist richtig.** 1

Begründung:

$$\frac{\sin\alpha}{\sin\beta} = \frac{\sin\alpha}{\sin(90° - \alpha)} = \frac{\sin\alpha}{\cos\alpha} = \tan\alpha$$

$\frac{\sin\alpha}{\sin\beta} = 1{,}80$ **ist richtig.** 1

Begründung:

$$\tan\alpha = \frac{\overline{BC}}{\frac{\overline{AB}}{2}} = \frac{4{,}11\text{ km}}{2{,}28\text{ km}} = 1{,}80 \quad \text{und} \quad \frac{\sin\alpha}{\sin\beta} = \tan\alpha$$

Also gilt auch: $\frac{\sin\alpha}{\sin\beta} = 1{,}80$

$\frac{\sin\alpha}{\sin\beta} = \mathbf{0{,}90}$ **und** $\frac{\sin\alpha}{\sin\beta} = \mathbf{1{,}11}$ **sind falsch.** 1

Begründung:

Wenn $\frac{\sin\alpha}{\sin\beta} = 1{,}80$ ist, kann $\frac{\sin\alpha}{\sin\beta}$ weder gleich 0,90 noch gleich 1,11 sein.

$\frac{\sin\alpha}{\sin\beta} = \tan\beta$ **ist falsch.** 1

Begründung:

Wenn $\frac{\sin\alpha}{\sin\beta} = \tan\alpha$ ist, kann $\frac{\sin\alpha}{\sin\beta}$ nicht gleich $\tan\beta$ sein, weil die Winkel α und β nicht gleich sind.

6 6 Minuten,

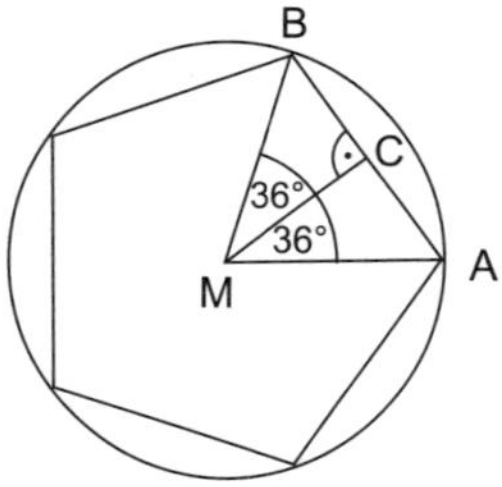

Berechnung des Kreisradius r:

Wegen $360° : 5 = 72°$ misst der Winkel AMB 72°.

Im Dreieck MCB gilt: $\sin 36° = \frac{\overline{BC}}{\overline{MB}}$ 2

$\Rightarrow r = \overline{MB} = \frac{\overline{BC}}{\sin 36°} = \frac{140 \text{ m}}{\sin 36°}$ 1

Berechnung der Kreisfläche:

$A = r^2 \cdot \pi = \left(\frac{140 \text{ m}}{\sin 36°}\right)^2 \cdot \pi \approx 178\,225 \text{ m}^2$ 1

Schulaufgabe 16

BE

1 x steht für eine beliebige positive reelle Zahl. Schreibe mit höchstens einem Wurzelzeichen und positiven Exponenten.

a) $\sqrt{\frac{1}{\sqrt[8]{x^{12}}}}$ 2

b) $\sqrt[5]{x^4} \cdot \sqrt[4]{x^5} : \sqrt[20]{x}$ 2

2 Für welche reellen Zahlen x gilt $x^{\frac{1}{2}} = \frac{1}{2}x$? 4

3 Petra setzt im Herbst willkürlich 12 Tulpenzwiebeln in eine Reihe. Aus 7 wächst eine weiße und aus 5 eine rote Tulpe. Berechne die Wahrscheinlichkeit dafür, dass im Frühjahr

a) die ersten drei Tulpen rot sind. 3

b) die ersten 4 Tulpen abwechselnd rot und weiß sind, wobei die erste weiß ist. 3

4 Im Wintersemester 2007/2008 waren an der katholischen Universität Eichstätt-Ingolstadt 2 404 Frauen und 1 488 Männer in wissenschaftlichen Studiengängen immatrikuliert.
In der Bevölkerung sind 9 % aller Männer und 0,8 % aller Frauen von der Rot-Grün-Sehschwäche betroffen.
Aus der Studentenschaft wird eine beliebige Peson ausgewählt und auf Rot-Grün-Sehschwäche getestet.

a) Trage in die Kästchen des Baumdiagramms alle Pfad- und Teilpfadwahrscheinlichkeiten ein. Runde dabei auf 3 Stellen hinter dem Komma. Es stehen 3

- F für „Die Person ist eine Studentin."
- $\overline{F}$ für „Die Person ist ein Student."
- R für „Die Person hat die RotGrün-Sehschwäche."
- $\overline{R}$ für „Die Person hat keine Rot-Grün-Sehschwäche."

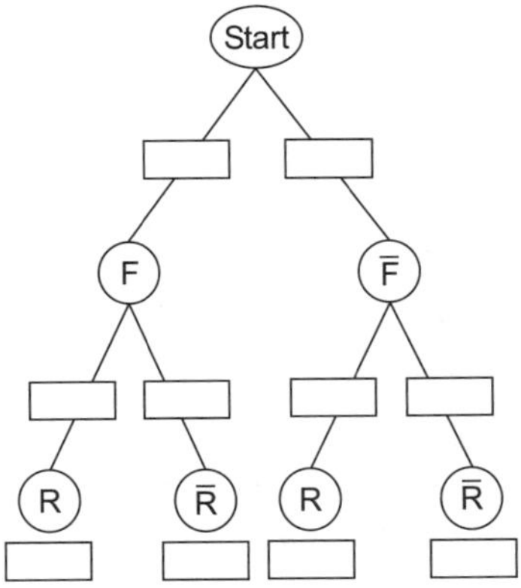

b) Wie groß ist die Wahrscheinlichkeit dafür, dass bei der ausgewählten Person eine Rot-Grün-Sehschwäche festgestellt wird? 1

5 Vereinfache den Term

$$\frac{(\tan\varphi - 1)\cdot \sin\varphi}{\sin\varphi - \cos\varphi}$$

so weit wie möglich. φ ist dabei ein von 45° verschiedener Winkel, der größer als 0° und kleiner als 90° ist. 3

6 Verfolgt man den Schatten eines vertikalen Stabs AD über ein ganzes Jahr, stellt man fest, dass die Länge des Mittagsschattens am Sommerbeginn am kürzesten und am Winterbeginn am längsten ist.
Bei Frühjahrs- und Herbstbeginn erstreckt sich der Mittagsschatten von A bis zu der Stelle, wo die Winkelhalbierende des Winkels BDC die Gerade AC schneidet.

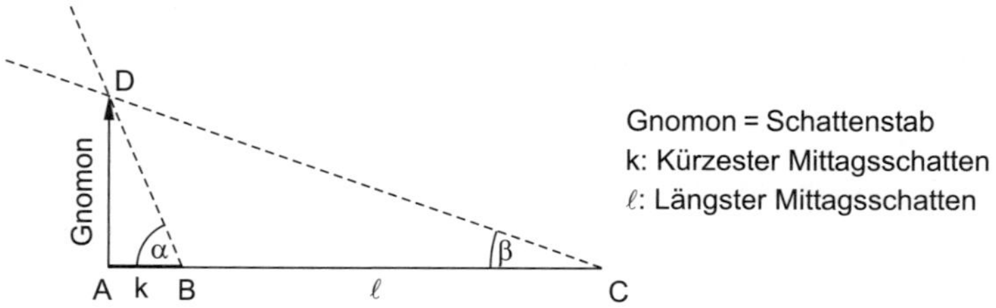

a) Berechne die Winkel α und β, wenn $\overline{AD} = 400\text{ cm}$, $\overline{AB} = 186\text{ cm}$ und $\overline{AC} = 1\,231\text{ cm}$ ist. 4

b) Berechne die Länge des Mittagsschattens bei Frühjahrs- und Herbstbeginn. 5

Hinweise und Tipps

1 Verwende bei beiden Teilaufgaben anstelle der Wurzel- die Potenzschreibweise und wende die Potenzgesetze an.

2
- Quadriere beide Seiten der Gleichung.
- Die dabei entstehende quadratische Gleichung kannst du durch Ausklammern von x schneller als mit der Lösungsformel lösen.

3 Denke an eine Urne mit 7 weißen und 5 roten Kugeln, aus der du ohne Zurücklegen drei bzw. vier Kugeln ziehst.

4
- Es handelt sich um ein zweistufiges Zufallsexperiment.
- Die Wahrscheinlichkeiten für die 1. Stufe kannst du mithilfe der relativen Häufigkeit ermitteln.
- Denke bei der Berechnung der Wahrscheinlichkeiten auch an das Gegenereignis.

5 Dividiere im Zähler und Nenner mit $\cos\varphi$, verwende $\tan\varphi = \frac{\sin\varphi}{\cos\varphi}$ und kürze.

6 Trage bei b in die Skizze die Halbierende des Winkels BDC ein und berechne den Winkel, den diese mit dem Gnomon einschließt.

Lösung

1 a) 3 Minuten

$\sqrt{\frac{1}{\sqrt[8]{x^{12}}}}$		
$=\left(\frac{1}{(x^{12})^{\frac{1}{8}}}\right)^{\frac{1}{2}}$	$\sqrt[n]{a}=a^{\frac{1}{n}}$	0,5
$=\left(\frac{1}{x^{\frac{12}{8}}}\right)^{\frac{1}{2}}$	Potenzgesetz	
$=\left(\frac{1}{x^{\frac{3}{2}}}\right)^{\frac{1}{2}}$	im Exponenten mit 4 kürzen	0,5
$=\frac{1}{x^{\frac{3}{4}}}$	Potenzgesetz	0,5
$=\frac{x^{\frac{1}{4}}}{x}$	mit $x^{\frac{1}{4}}$ erweitern	0,5
$=\frac{\sqrt[4]{x}}{x}$	$\sqrt[n]{a}=a^{\frac{1}{n}}$	

b) 4 Minuten

$\sqrt[5]{x^4}\cdot\sqrt[4]{x^5}:\sqrt[20]{x}$		
$=\frac{x^{\frac{4}{5}}\cdot x^{\frac{5}{4}}}{x^{\frac{1}{20}}}$	$\sqrt[n]{a}=a^{\frac{1}{n}}$	0,5
$=\frac{x^{0,8}\cdot x^{1,25}}{x^{0,05}}$		0,5
$=x^{0,8+1,25-0,05}=x^2$	Potenzgesetz	1

2 5 Minuten

$x^{\frac{1}{2}}=\frac{1}{2}x$		
$x=\left(\frac{1}{2}x\right)^2$	Quadrieren	0,5

$x = \frac{1}{4}x^2$	Potenzgesetz	0,5
$0 = \frac{1}{4}x^2 - x$	x auf beiden Seiten subtrahieren	0,5
$0 = x \cdot \left(\frac{1}{4}x - 1\right)$	x ausklammern	0,5
$x_1 = 0$ oder $\frac{1}{4}x - 1 = 0$	Ein Produkt ist genau dann 0, wenn mindestens ein Faktor 0 ist.	1
$x_1 = 0$ oder $\frac{1}{4}x = 1$	auf beiden Seiten 1 addieren	0,5
$x_1 = 0$ oder $x_2 = 4$	auf beiden Seiten mit 4 multiplizieren	0,5
$\Rightarrow \quad \mathbb{L} = \{0, 4\}$		

3 a) 5 Minuten,

Es liegt ein dreistufiges Zufallsexperiment vor.

P(„1. Tulpe ist rot“) $= \frac{5}{12}$, weil 5 von 12 Tulpen rot sind. 0,5

P(„2. Tulpe ist rot“) $= \frac{4}{11}$, weil 4 von nur noch 11 Tulpen rot sind. 0,5

P(„3. Tulpe ist rot“) $= \frac{3}{10}$, weil 3 von nur noch 10 Tulpen rot sind. 0,5

Nach der 1. Pfadregel gilt:

P(„Die ersten 3 Tulpen sind rot.“) $= \frac{5}{12} \cdot \frac{4}{11} \cdot \frac{3}{10} = \frac{1}{22}$ 1,5

b) 5 Minuten,

Es liegt ein vierstufiges Zufallsexperiment vor.

P(„1. Tulpe ist weiß“) $= \frac{7}{12}$, weil 7 von 12 Tulpen weiß sind. 0,5

P(„2. Tulpe ist rot“) $= \frac{5}{11}$, weil 5 von nur noch 11 Tulpen rot sind. 0,5

P(„3. Tulpe ist weiß“) $= \frac{6}{10}$, weil 6 von nur noch 10 Tulpen weiß sind. 0,5

P(„4. Tulpe ist rot“) $= \frac{4}{9}$, weil 4 von nur noch 9 Tulpen rot sind. 0,5

Nach der 1. Pfadregel gilt:
P(„Die ersten 4 Tulpen sind abwechselnd weiß und rot, wobei die erste weiß ist.") $= \frac{7}{12} \cdot \frac{5}{11} \cdot \frac{6}{10} \cdot \frac{4}{9} = \frac{7}{99}$ 1

4 a) 7 Minuten,

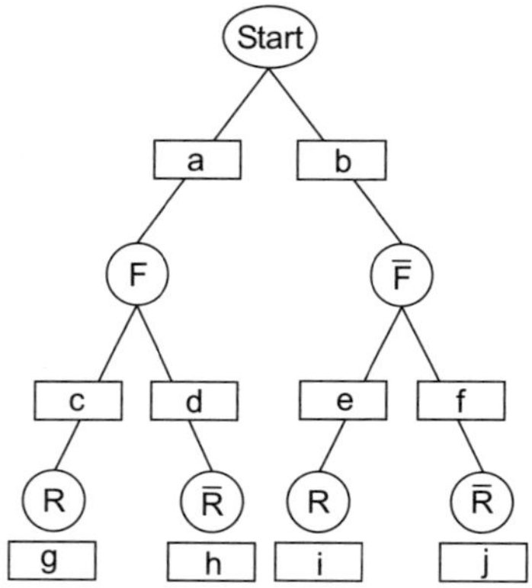

$a = \frac{2\,404}{2\,404 + 1\,488} \approx 0{,}618$	relative Häufigkeit	0,5
$b = 1 - 0{,}618 = 0{,}382$	Gegenereignis	0,5
$c = 0{,}008$	gegeben	0,5
$d = 1 - 0{,}008 = 0{,}992$	Gegenereignis	
$e = 0{,}09$	gegeben	0,5
$f = 1 - 0{,}09 = 0{,}91$	Gegenereignis	
$g = a \cdot c = 0{,}618 \cdot 0{,}008 \approx 0{,}005$	1. Pfadregel	0,5
$h = a \cdot d = 0{,}618 \cdot 0{,}992 \approx 0{,}613$	1. Pfadregel	
$i = b \cdot e = 0{,}382 \cdot 0{,}09 \approx 0{,}034$	1. Pfadregel	0,5
$j = b \cdot f = 0{,}382 \cdot 0{,}91 \approx 0{,}348$	1. Pfadregel	

b) 1 Minute,
Nach der 2. Pfadregel gilt:
P(„Person ist rot-grün-blind") $= g + i = 0{,}005 + 0{,}034 = 0{,}039$ 1

5 5 Minuten

$\dfrac{(\tan\varphi-1)\cdot\sin\varphi}{\sin\varphi-\cos\varphi}$		
$=\dfrac{(\tan\varphi-1)\cdot\frac{\sin\varphi}{\cos\varphi}}{\frac{\sin\varphi}{\cos\varphi}-\frac{\cos\varphi}{\cos\varphi}}$	Zähler und Nenner mit $\frac{1}{\cos\varphi}$ multiplizieren	1
$=\dfrac{(\tan\varphi-1)\cdot\tan\varphi}{\tan\varphi-1}$	$\tan\varphi=\dfrac{\sin\varphi}{\cos\varphi}$	1
$=\tan\varphi$	Kürzen	1

6 a) 4 Minuten

$\tan\alpha=\dfrac{\overline{AD}}{\overline{AB}}=\dfrac{400\text{ cm}}{186\text{ cm}}\approx 2{,}15$	Tangensfunktion im Dreieck ABD	1
$\Rightarrow\quad \alpha\approx 65{,}1^\circ$		1
$\tan\beta=\dfrac{\overline{AD}}{\overline{AC}}=\dfrac{400\text{ cm}}{1\,231\text{ cm}}\approx 0{,}325$	Tangensfunktion im Dreieck ACD	1
$\Rightarrow\quad \beta\approx 18{,}0^\circ$		1

b) 6 Minuten

Berechnung des Winkels ε = ∢ BDC:

$\varepsilon=\sphericalangle\,BDC$		
$=180^\circ-\beta-(180^\circ-\alpha)$	Winkelsumme im Dreieck BCD	1
$=\alpha-\beta=65{,}1^\circ-18{,}0^\circ=47{,}1^\circ$	Werte aus a einsetzen	

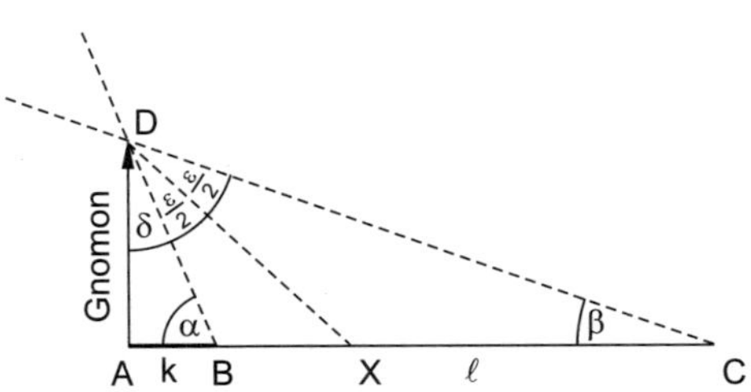

Berechnung von δ :

$\delta + \alpha + 90° = 180°$ Winkelsumme im Dreieck ABD

$\Rightarrow \delta = 180° - \alpha - 90° = 90° - \alpha$ auf beiden Seiten $\alpha + 90°$ subtrahieren

$\Rightarrow \delta = 90° - 65{,}1° = 24{,}9°$ 1

Berechnung von $\delta + \frac{\varepsilon}{2}$:

$\delta + \frac{\varepsilon}{2} = 24{,}9° + \frac{47{,}1°}{2} \approx 48{,}5°$ 1

Berechnung von $\overline{AX}$ im Dreieck AXD:

$\tan\left(\delta + \frac{\varepsilon}{2}\right) = \frac{\overline{AX}}{\overline{AD}}$ 1

$\Rightarrow \overline{AX} = \overline{AD} \cdot \tan\left(\delta + \frac{\varepsilon}{2}\right)$

$= 400 \text{ cm} \cdot \tan 48{,}5° \approx 452 \text{ cm}$ 1

Schulaufgabe 17

BE

1 x, y stehen für beliebige, positive reelle Zahlen. Vereinfache die folgenden Terme so weit wie möglich.

a) $\dfrac{yx^{0,5}+x^{1,5}}{yx^{1,5}+x^{2,5}}$ 2

b) $\dfrac{\sqrt[3]{x}+\sqrt[3]{y}\cdot\sqrt[6]{x}}{\sqrt{y}+\sqrt[6]{y}\cdot\sqrt[6]{x}}$ 3

2 Für welche positiven reellen Zahlen x gilt folgende Gleichung?

$3\cdot\left(\dfrac{13}{3}x+1\right)^{-\frac{1}{3}}=3^0$ 3

3 Elefant und Maus sind keine besonders guten Elfmeterschützen. Elefant trifft nur mit einer Wahrscheinlichkeit von 0,2 und Maus nur mit 0,08. Mit welcher Wahrscheinlichkeit verwandeln sie zusammen mindestens einen Elfer, wenn jeder genau zweimal schießt?
Runde auf 3 Stellen hinter dem Komma. 3

4 Von 5 Mikrochips sind 2 defekt. Peter wählt einen Chip nach dem anderen zufällig aus und testet ihn, bis er die 2 schadhaften gefunden hat.
Mit welcher Wahrscheinlichkeit kann er nach dem
a) zweiten 3
b) dritten 4
Chip aufhören?

5 Zeige, dass für Winkel φ, die größer als 0° und kleiner als 90° sind, gilt:

$\tan\varphi\cdot\sqrt{\dfrac{1}{\cos^2\varphi}-\sin^2\varphi-\tan^2\varphi}=\sin\varphi$ 5

6 Im rechtwinkligen Dreieck ACD ist
$\overline{AD} = 6$, $\overline{BC} = 4\sqrt{3}$.

Berechne:

a) φ 5

b) $\overline{CD}$ 2

Stelle deine Ergebnisse ohne Verwendung von Dezimalbrüchen dar.

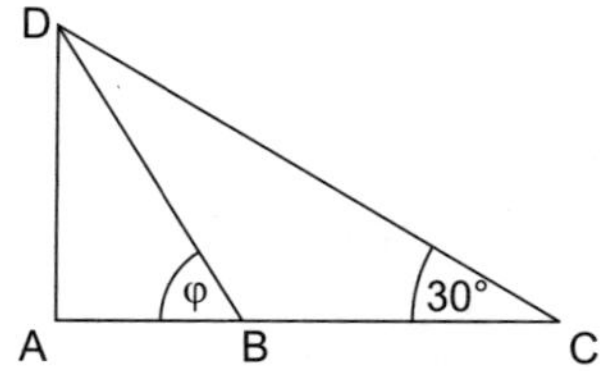

Hinweise und Tipps

1
- Klammere bei a im Zähler $x^{0,5}$ und im Nenner $x^{1,5}$ aus.
- Verwende bei b anstelle der Wurzel- die Potenzschreibweise und klammere im Zähler $x^{\frac{1}{6}}$ und im Nenner $y^{\frac{1}{6}}$ aus.

2
- Beachte, dass $a^0 = 1$.
- Dividiere auf beiden Seiten durch 3 und potenziere dann beidseitig mit –3.

3 Argumentiere mit den Wahrscheinlichkeiten, dass Maus und Elefant nicht treffen, über das Gegenereignis.

4 Die Tests stellen zwei- bzw. dreistufige Zufallsexperimente dar, in deren Baumdiagrammen ein bzw. zwei Pfade relevant sind.

5 Ersetze $\tan^2\varphi$ durch $\frac{\sin^2\varphi}{\cos^2\varphi}$ und denke an den trigonometrischen Pythagoras.

6
- Berechne zunächst $\overline{AC}$ und damit $\overline{AB}$.
- $\overline{CD}$ kannst du mithilfe des Sinus im Dreieck ACD berechnen.
- Merkwerte: $\tan 30° = \frac{\sqrt{3}}{3}$; $\tan 60° = \sqrt{3}$; $\sin 30° = 0{,}5$

Lösung

1 a) 4 Minuten,

$$\frac{yx^{0,5}+x^{1,5}}{yx^{1,5}+x^{2,5}}$$

$$=\frac{x^{0,5}(y+x)}{x^{1,5}(y+x)}$$ im Zähler $x^{0,5}$, im Nenner $x^{1,5}$ ausklammern — 1

$$=\frac{1}{x}=x^{-1}$$ Kürzen; Potenzgesetz — 1

b) 5 Minuten,

$$\frac{\sqrt[3]{x}+\sqrt[3]{y}\cdot\sqrt[6]{x}}{\sqrt{y}+\sqrt[6]{y}\cdot\sqrt[6]{x}}$$

$$=\frac{x^{\frac{1}{3}}+y^{\frac{1}{3}}\cdot x^{\frac{1}{6}}}{y^{\frac{1}{2}}+y^{\frac{1}{6}}\cdot x^{\frac{1}{6}}}$$ Übergang von der Wurzel- zur Potenzdarstellung — 0,5

$$=\frac{x^{\frac{1}{6}}\left(x^{\frac{1}{6}}+y^{\frac{1}{3}}\right)}{y^{\frac{1}{6}}\left(y^{\frac{1}{3}}+x^{\frac{1}{6}}\right)}$$ im Zähler $x^{\frac{1}{6}}$ und im Nenner $y^{\frac{1}{6}}$ ausklammern — 1

$$=\frac{x^{\frac{1}{6}}}{y^{\frac{1}{6}}}$$ Kürzen — 1

$$=\left(\frac{x}{y}\right)^{\frac{1}{6}}=\sqrt[6]{\frac{x}{y}}$$ Potenzgesetz; Übergang von der Potenz- zur Wurzeldarstellung — 0,5

2 5 Minuten,

$$3\cdot\left(\frac{13}{3}x+1\right)^{-\frac{1}{3}}=3^0$$

$$\left(\frac{13}{3}x+1\right)^{-\frac{1}{3}}=\frac{1}{3}$$ $3^0=1$; durch 3 dividieren — 1

$$\frac{13}{3}x+1=\left(\frac{1}{3}\right)^{-3}$$ mit –3 potenzieren — 0,5

$$\frac{13}{3}x+1=3^3=27$$ $a^{-1}=\frac{1}{a}$ — 0,5

$\frac{13}{3}x = 26$ 1 subtrahieren

$x = \frac{26 \cdot 3}{13} = 6$ mit $\frac{3}{13}$ multiplizieren 1

3 5 Minuten,

Es liegt ein vierstufiges Zufallsexperiment vor. Bezeichnen

- $\overline{M}$ = „Maus trifft bei einem Schuss nicht.“ und
- $\overline{E}$ = „Elefant trifft bei einem Schuss nicht.“,

so gelangt man über das Gegenereignis zum Ziel:

P(„Bei je 2 Schüssen von Maus und Elefant mindestens 1 Treffer“)
= 1 – P(„Bei je 2 Schüssen von Maus und Elefant kein Treffer“) 1
$= 1 - P(\overline{M}) \cdot P(\overline{M}) \cdot P(\overline{E}) \cdot P(\overline{E}) = 1 - 0{,}92 \cdot 0{,}92 \cdot 0{,}8 \cdot 0{,}8 \approx 0{,}458$ 2

4 In beiden Teilaufgaben stehen

- D für: „Der getestete Chip ist defekt.“
- $\overline{D}$ für: „Der getestete Chip ist nicht defekt.“

a) 3 Minuten,

Peter kann nach dem 2. Chip aufhören, wenn er beim 1. Zug $\left(p_1 = \frac{2}{5}\right)$ und beim 2. Zug $\left(p_2 = \frac{1}{4}\right)$ einen defekten Chip auswählt.

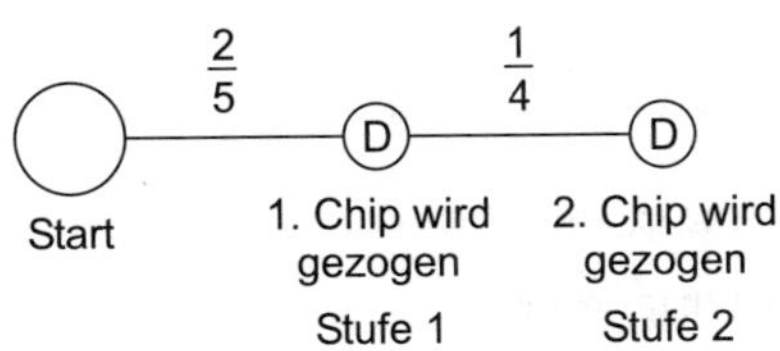

2

Nach der 1. Pfadregel gilt:
P(„Peter muss genau 2 Chips testen“) $= \frac{2}{5} \cdot \frac{1}{4} = 0{,}1$ 1

b) 6 Minuten,

Zu dem Ereignis: „Peter muss genau drei Chips testen“ gehören folgende Pfade:

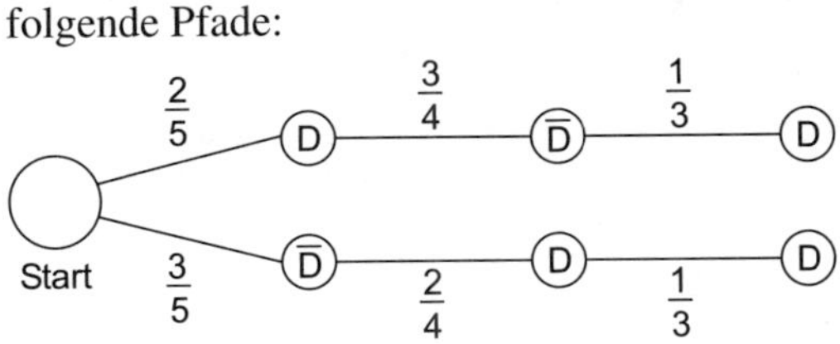

Nach der 1. Pfadregel gilt für den

oberen Pfad: $p_1 = \frac{2}{5} \cdot \frac{3}{4} \cdot \frac{1}{3} = \frac{1}{10}$ 1,5

unteren Pfad: $p_2 = \frac{3}{5} \cdot \frac{2}{4} \cdot \frac{1}{3} = \frac{1}{10}$ 1,5

Nach der 2. Pfadregel gilt daher:
P(„Peter muss genau drei Chips testen“) $= \frac{1}{10} + \frac{1}{10} = \frac{1}{5} = 0{,}2$ 1

5 7 Minuten,

$\tan\varphi \cdot \sqrt{\frac{1}{\cos^2\varphi} - \sin^2\varphi - \tan^2\varphi}$		
$= \tan\varphi \cdot \sqrt{\frac{1}{\cos^2\varphi} - \sin^2\varphi - \frac{\sin^2\varphi}{\cos^2\varphi}}$	$\tan\varphi = \frac{\sin\varphi}{\cos\varphi}$	0,5
$= \tan\varphi \cdot \sqrt{\frac{1-\sin^2\varphi}{\cos^2\varphi} - \sin^2\varphi}$	Terme mit gleichem Nenner zusammenfassen	1
$= \tan\varphi \cdot \sqrt{\frac{\cos^2\varphi}{\cos^2\varphi} - \sin^2\varphi}$	$\sin^2\varphi + \cos^2\varphi = 1$	0,5
$= \tan\varphi \cdot \sqrt{1-\sin^2\varphi}$	Kürzen	0,5
$= \tan\varphi \cdot \sqrt{\cos^2\varphi}$	$\sin^2\varphi + \cos^2\varphi = 1$	0,5
$= \tan\varphi \cdot \cos\varphi$	$\cos\varphi > 0 \;\; (0° < \varphi < 90°)$	1
$= \frac{\sin\varphi}{\cos\varphi} \cdot \cos\varphi$	$\tan\varphi = \frac{\sin\varphi}{\cos\varphi}$	0,5
$= \sin\varphi$	Kürzen	0,5

6 a) 7 Minuten, /

Berechnung von $\overline{AC}$:

$\tan 30° = \frac{\overline{AD}}{\overline{AC}}$	Tangensfunktion im Dreieck ACD	1
$\Rightarrow \overline{AC} = \frac{\overline{AD}}{\tan 30°} = \frac{6}{\frac{\sqrt{3}}{3}} = \frac{18}{\sqrt{3}} = 6 \cdot \sqrt{3}$		1

Berechnung von $\overline{AB}$:

$\overline{AB} = \overline{AC} - \overline{BC} = 6\sqrt{3} - 4\sqrt{3} = 2\sqrt{3}$ 1

Berechnung von φ:

$\tan\varphi = \frac{\overline{AD}}{\overline{AB}} = \frac{6}{2\sqrt{3}} = \frac{3}{\sqrt{3}} = \sqrt{3}$ Tangensfunktion im Dreieck ABD 1

$\Rightarrow \varphi = 60°$ 1

b) 3 Minuten,

Berechnung von $\overline{CD}$:

$\sin 30° = \frac{\overline{AD}}{\overline{CD}}$ Sinusfunktion im Dreieck ACD

$\Rightarrow \overline{CD} = \frac{\overline{AD}}{\sin 30°}$ 1

$\Rightarrow \overline{CD} = \frac{6}{\frac{1}{2}} = 12$ 1

Schulaufgaben zum Themenbereich 4

Raumgeometrie

- **Prisma**
- **Zylinder**
- **Pyramide**
- **Kegel**

Schulaufgabe 18

BE

1 Ein zylinderförmiger Becher aus Quarzglas ist außen 16,0 cm hoch. Der Boden ist 1,5 cm dick, die Wandstärke beträgt gleichmäßig 3 mm, der Innendurchmesser ist 8,0 cm. Berechne

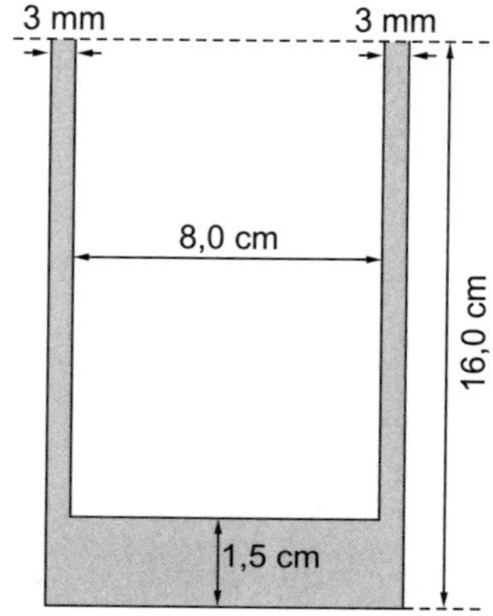

a) das Volumen und 3

b) die Gesamtoberfläche des Quarzglases. 4

c) In den teilweise mit Wasser gefüllten Becher werden nun drei gleich große Eiswürfel geworfen, die zu 90 % untertauchen. Der Wasserspiegel steigt dabei um 1,0 cm, ohne dass etwas überläuft.
Berechne die Kantenlänge eines Eiswürfels in cm. 5

Runde die Endergebnisse jeweils auf cm^3 bzw. cm^2 bzw. mm.

2 Auf der Symmetrieachse eines geraden Kreiszylinders wird im Inneren ein Punkt S willkürlich gewählt. Dieser Punkt bestimmt zusammen mit dem Grund- und dem Deckkreis des Zylinders zwei Kegel.
Zeige, dass das Volumen dieses Doppelkegels nicht davon abhängt, wo S auf der Symmetrieachse gewählt wird. 4

3 a) Wie ist der Winkel zwischen zwei Ebenen definiert? 1

b) Wie groß ist der Winkel zwischen zwei Seitenflächen einer Pyramide, deren Oberfläche aus vier gleich großen, gleichseitigen Dreiecken besteht? (Lösung durch Konstruktion) 5

4 Die Pyramide ABCD besitzt die Höhe $h = 6{,}0$ cm. Der Höhenfußpunkt fällt mit dem Schwerpunkt des Dreiecks ABC zusammen. Ferner sind $\alpha = 50°$, $\overline{AB} = 7{,}0$ cm, $\overline{AC} = 5{,}0$ cm.
Zeichne ein Schrägbild der Pyramide (Verzerrungswinkel $\omega = 30°$, Verzerrungsfaktor $q = \frac{1}{2}$), bei dem die Schrägbildachse mit AC zusammenfällt, und erläutere dein Vorgehen.

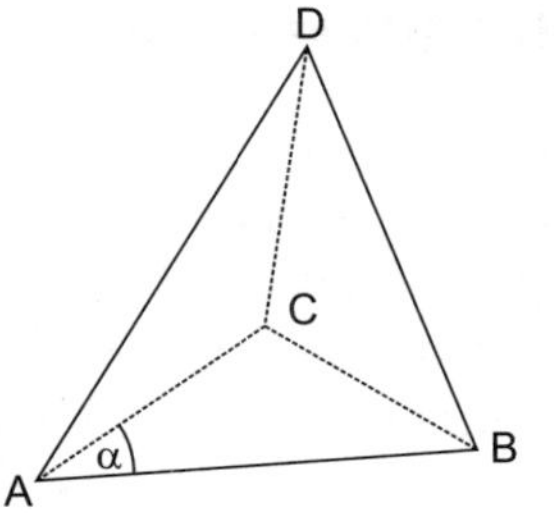

8

Hinweise und Tipps

1
- Das mit Quarzglas gefüllte Volumen ergibt sich als Differenz der Volumina zweier Zylinder.
- Die Oberfläche des Quarzglasvolumens besteht aus den Mantelflächen zweier Zylinder, zwei Kreisflächen und einer Kreisringfläche.
- 90 % des Würfelvolumens entspricht einem Zylindervolumen.

2 Drücke die Volumina der beiden Kegel mit allgemeinen Größen aus und addiere sie.

3 Konstruiere ein gleichschenkliges Dreieck, das als Basis die Seitenkante der Pyramide besitzt und dessen Schenkel so lang sind wie die Höhe eines Seitenflächendreiecks der Pyramide.

4
- Konstruiere zunächst das Dreieck ABC in wahrer Größe.
- Die Seitenhalbierenden eines Dreiecks schneiden sich im Schwerpunkt.
- Die Höhe hat auch im Schrägbild die Länge 6,0 cm.

Lösung

1 a) 🕔 6 Minuten, 🥜 / 🥜🥜

$V_{ges} = V_{Zyl(r_1=4,3\,cm;\,h_1=16,0\,cm)} - V_{Zyl(r_2=4,0\,cm;\,h_2=14,5\,cm)}$ 1

$= r_1^2 \cdot \pi \cdot h_1 - r_2^2 \cdot \pi \cdot h_2$ 1

$= (r_1^2 \cdot h_1 - r_2^2 \cdot h_2) \cdot \pi$

$= [(4{,}3\,cm)^2 \cdot 16{,}0\,cm - (4{,}0\,cm)^2 \cdot 14{,}5\,cm] \cdot \pi$ 0,5

$\approx 201\,cm^3$ 0,5

b) 🕔 6 Minuten, 🥜🥜

$S_{ges} = M_{Zyl\,(r_1=4,3\,cm;\,h_1=16,0\,cm)}$
$+ M_{Zyl\,(r_2=4,0\,cm;\,h_2=14,5\,cm)}$
$+ A_{Kreis\,(r_1=4,3\,cm)}$
$+ A_{Kreis\,(r_2=4,0\,cm)}$
$+ A_{Kreisring\,(r_1=4,3\,cm;\,r_2=4,0\,cm)}$

$= M_{Zyl\,(r_1=4,3\,cm;\,h_1=16,0\,cm)}$
$+ M_{Zyl\,(r_2=4,0\,cm;\,h_2=14,5\,cm)}$
$+ 2 \cdot A_{Kreis\,(r_1=4,3\,cm)}$ 2

$= 2 \cdot r_1 \cdot \pi \cdot h_1 + 2 \cdot r_2 \cdot \pi \cdot h_2 + 2 \cdot r_1^2 \cdot \pi$ 1

$= (r_1 \cdot h_1 + r_2 \cdot h_2 + r_1^2) \cdot 2\pi$

$= [4{,}3\,cm \cdot 16{,}0\,cm + 4{,}0\,cm \cdot 14{,}5\,cm + (4{,}3\,cm)^2] \cdot 2\pi$ 0,5

$\approx 913\,cm^2$ 0,5

c) 🕔 6 Minuten, 🥜🥜🥜

Ansatz:

90 % der Summe der Volumina dreier Würfel mit der Kantenlänge x sind gleich dem Volumen eines Zylinders mit Radius $r_2 = 4{,}0$ cm und Höhe $h_Z = 1{,}0$ cm.

$0{,}90 \cdot 3 \cdot x^3 = r_2^2 \cdot \pi \cdot h_Z$ 2

$\Rightarrow \quad x^3 = \dfrac{r_2^2 \cdot \pi \cdot h_Z}{0{,}90 \cdot 3}$ 1

$\Rightarrow \quad x = \sqrt[3]{\dfrac{r_2^2 \cdot \pi \cdot h_Z}{0{,}90 \cdot 3}}$ 1

$\Rightarrow \quad x = \sqrt[3]{\dfrac{(4{,}0\,cm)^2 \cdot \pi \cdot 1{,}0\,cm}{0{,}90 \cdot 3}} \approx 27\text{ mm}$ 1

2 6 Minuten, /

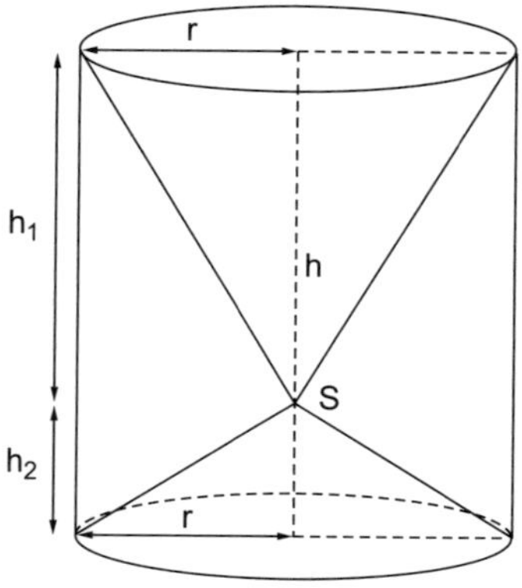

$$V_{Doppelkegel} = \frac{1}{3} \cdot r^2 \cdot \pi \cdot h_1 + \frac{1}{3} \cdot r^2 \cdot \pi \cdot h_2$$ 2

$$= \frac{1}{3} \cdot r^2 \cdot \pi \cdot (h_1 + h_2)$$ 1

$$= \frac{1}{3} \cdot r^2 \cdot \pi \cdot h$$ (unabhängig von der Lage des Punktes S) 1

3 a) 2 Minuten,

Der Winkel zwischen zwei Ebenen E und F ist der Winkel zwischen zwei Loten auf die Schnittgerade der Ebenen, wobei ein Lot in E, das andere in F liegen muss. 1

b) 10 Minuten,

Überlegungsfigur:

Die Punkte A, B, C und S sind die Ecken der Pyramide.
BD und CD sind als Höhen in den gleichseitigen Dreiecken ABS und ACS Lote auf deren Schnittkante AS.
Der gesuchte Winkel ist dann $\delta = \sphericalangle\, BDC$ (vgl. Teilaufgabe a).

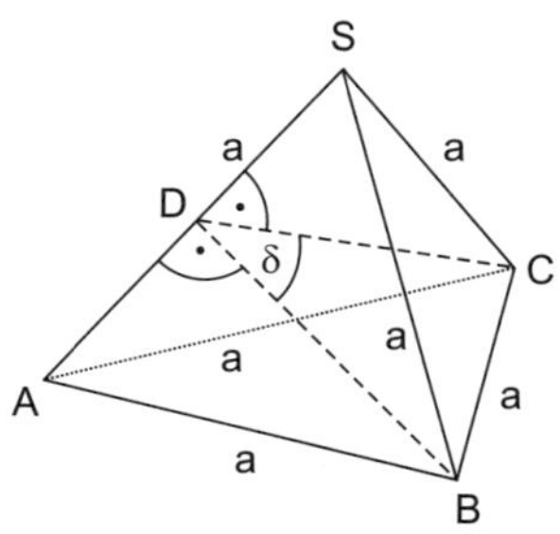

Konstruktion: 5
Zunächst konstruiert man ein beliebiges gleichseitiges Dreieck ABC und eine seiner Höhen h. Die Kreise um B und C mit dem Radius h schneiden sich im Punkt D.
Die Maßentnahme mit dem Geodreieck ergibt: $\delta = 70°$

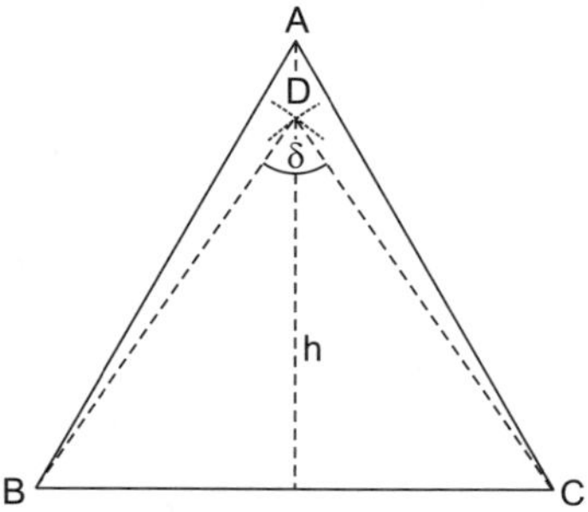

4 9 Minuten, / /

1. Schritt: (Konstruktion des Dreiecks ABC in wahrer Größe) 2

- A und C sind als Endpunkte der Strecke [AC] mit $\overline{AC} = 5$ cm gegeben.
- B liegt
  auf dem freien Schenkel des Winkels $\alpha = 50°$ und
  auf dem Kreis um A mit Radius $r = 7$ cm.

2. Schritt: (Konstruktion des Schwerpunkts S) 2
M_c und M_b sind die Mittelpunkte der Seiten $c = [AB]$ und $b = [AC]$.
S ist der Schnittpunkt der Seitenhalbierenden M_cC und M_bB.

3. Schritt: (Konstruktion der Hilfspunkte S* und B*) 1
S* und B* sind die Fußpunkte der Lote von S und B auf die Schrägbildachse a.

4. Schritt: (Konstruktion der Bildpunkte S' und B') 2
Man trägt den Verzerrungswinkel $\omega = 30°$ jeweils so ab, dass ein Schenkel auf der Schrägbildachse a und der Scheitel in S* bzw. B* liegt. Auf dem jeweils freien Schenkel trägt man von S* bzw. B* aus Strecken ab, die wegen des Verzerrungsfaktors $q = 0{,}5$ halb so lang sind wie [SS*] bzw. [BB*] und erhält so die Punkte S' bzw. B'.

5. Schritt (Konstruktion der Pyramidenspitze D) 1
Senkrecht zur Schrägbildachse a errichtet man in S' die Höhe der Pyramide in wahrer Länge 6 cm und erhält so D.

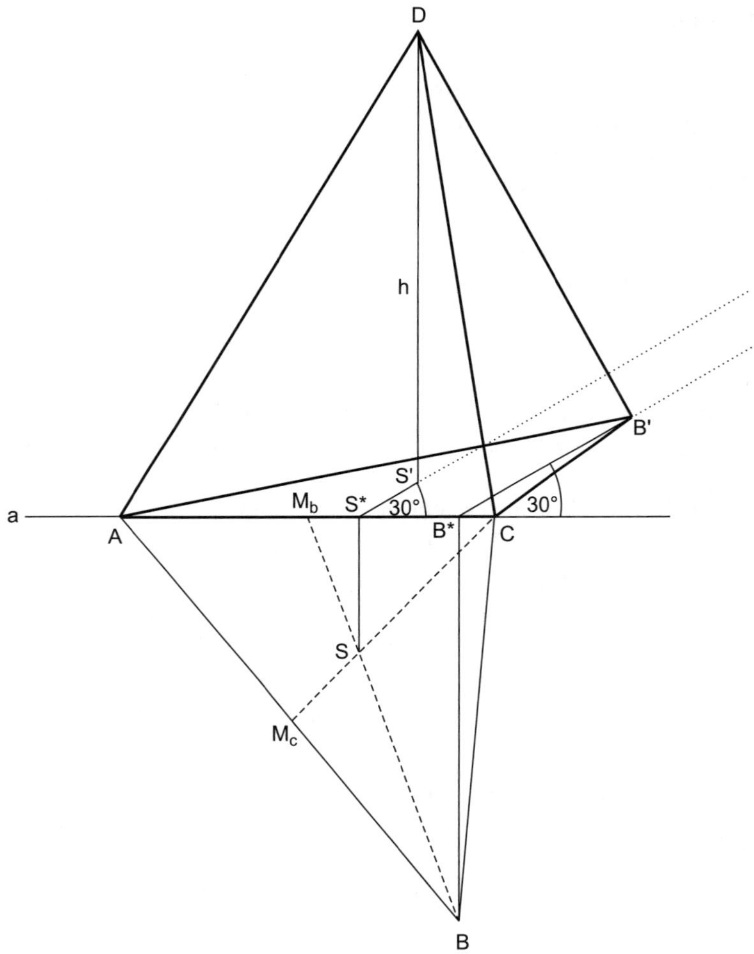
D
h
B'
S'
a
M$_b$
S*
30°
30°
A
B*
C
S
M$_c$
B

Schulaufgabe 19

BE

1 Das Viereck ABCD ist die Grundfläche einer Pyramide ABCDS mit den Seitenkanten [AS], [DS], [BS]. Übertrage das Viereck auf dein Blatt (ein Kästchen in der Zeichnung soll 1 cm auf deinem Blatt entsprechen. Platzbedarf: DIN-A4-Seite im Hochformat, Viereck ABCD in die Blattmitte) und konstruiere das Netz der Pyramide.
Beschreibe und begründe stichwortartig die wesentlichen Konstruktionsschritte. 5

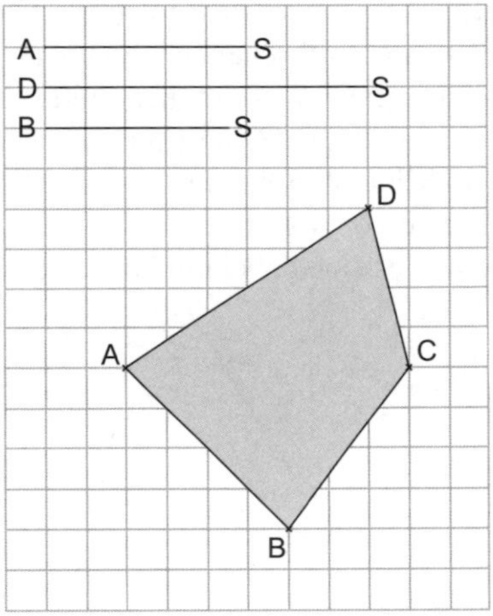

2 Hyazinthen lassen sich im Haus antreiben und blühen dann zur Weihnachtszeit. Dafür deckt man die Zwiebeln eine Zeit lang auch mit einem Hütchen ab, das als Lichtschutz fungiert und die Form eines geraden Kreiskegels vom Radius $r = 6$ cm und der Höhe $h = 14$ cm hat.
Berechne auf mm und Grad genau die Abmessungen eines Kreissektors, aus dem sich das Hütchen basteln lässt. 4

3 Peter bastelt aus 6 je 4 cm langen Holzstäbchen nebenstehend skizzierte Pyramide.
Berechne

a) ihre Oberfläche, 4

b) ihre Höhe, 6

c) ihr Volumen. 3

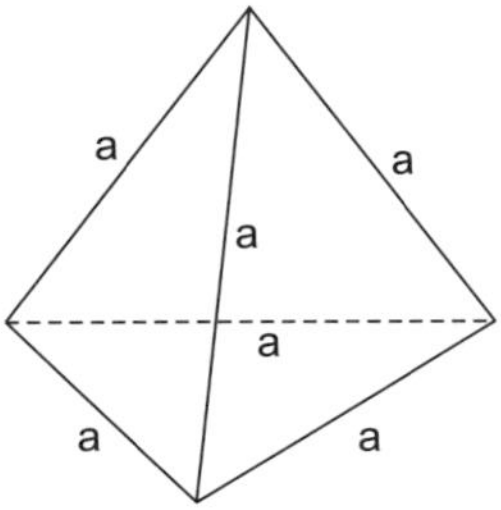

Hinweis: Die Beziehung $h = \frac{a}{2}\sqrt{3}$ für die Höhe h eines gleichseitigen Dreiecks der Seitenlänge a kann ohne Herleitung verwendet werden.

4 Sternentore, in der Sprache der Goa'uld auch Chappa'ai genannt, sind Hohlzylinder ohne Deckel und Boden. Sie haben einen Außendurchmesser von 6,70 m, einen Innendurchmesser von 5,00 m, eine Höhe von 15 cm und eine Masse von ca. 32 000 kg. Bekanntlich bestehen sie aus dem außerirdischen Mineral Naquadah, das in seinem natürlichen Zustand einen grauen Farbton hat und in flüssiger Form grün leuchtet.
Dr. Samantha Carter findet bei einem Außeneinsatz von SG1 auf CZ 34 ein Mineral in Würfelform. Es hat eine Kantenlänge von 1,5 cm und eine Masse von 4 g.
Kann es sich dabei um Naquadah handeln? 8

Hinweise und Tipps

1
- Zeichne zunächst alle mithilfe der gegebenen Strecken konstruierbaren Seitenflächendreiecke.
- Konstruiere mit deren Hilfe dann den Höhenfußpunkt.

2
- Berechne zunächst mithilfe des Pythagorassatzes die Mantellinie.
- Den Umfang des Kreissektors kannst du auf zwei Arten berechnen und damit den Sektorwinkel ermitteln.

3
- Die Pyramide wird von 4 Seitenflächen begrenzt. Verwende für die Berechnung des Inhalts einer Seitenfläche den Hinweis.
- Der Höhenfußpunkt der Raumhöhe ist der Schwerpunkt eines Seitenflächendreiecks.
- Die Raumhöhe ist Kathete eines rechtwinkligen Dreiecks, dessen Hypotenuse eine Seitenkante der Pyramide ist.
- Die Seitenhalbierenden eines Dreiecks schneiden sich im Schwerpunkt und werden durch diesen im Verhältnis 2 : 1 geteilt.
- Das Pyramidenvolumen kannst du aus Grundfläche und Raumhöhe berechnen.

4
- Berechne zunächst die Volumina des Sternentors und des Würfels.
- Welche Masse besitzt der Würfel, wenn er aus Naquadah ist?

Lösung

1 10 Minuten,

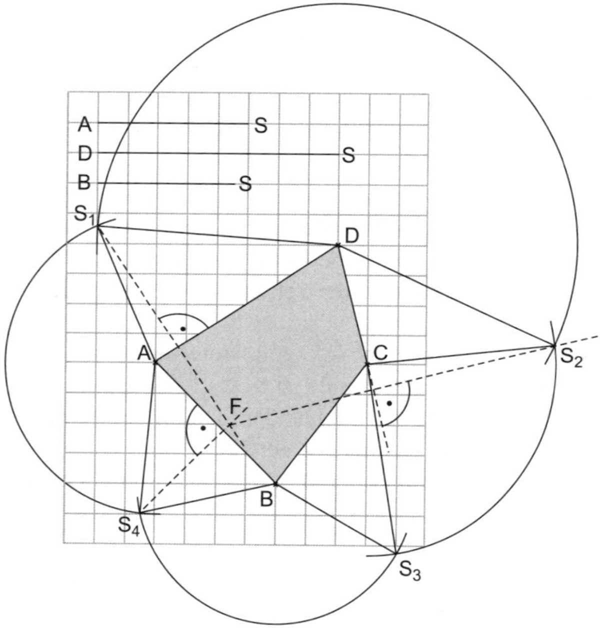

Beschreibung und Begründung der wichtigsten Konstruktionsschritte:

1. S_1 ist der Schnittpunkt der Kreise um A mit Radius $\overline{AS}$ und um D mit Radius $\overline{DS}$. 1
2. S_4 ist der Schnittpunkt der Kreise um A mit Radius $\overline{AS}$ und um B mit Radius $\overline{BS}$. 1
3. Da sich in einem Standardnetz alle Lote von der Spitze auf die zugehörigen Grundkanten im Höhenfußpunkt F treffen, ergibt sich F als Schnittpunkt der Lote von S_1 auf [AD] und S_4 auf [AB]. 1
4. S_2 liegt einerseits wegen der in 3 genannten Eigenschaft des Höhenfußpunkts auf dem Lot von F auf CD und andererseits auf dem Kreis um D mit Radius $\overline{DS}$. 1
5. S_3 ist der Schnittpunkt der Kreise um C mit Radius $\overline{CS_2}$ und um B mit Radius $\overline{BS}$. 1

2 8 Minuten,

1. Schritt:

Berechnung der Mantellinie m mithilfe des Satzes von Pythagoras:

$m^2 = r^2 + h^2$

$\Rightarrow \quad m = \sqrt{r^2 + h^2}$

$= \sqrt{(6\text{ cm})^2 + (14\text{ cm})^2}$

$\approx 15{,}2\text{ cm}$ 2

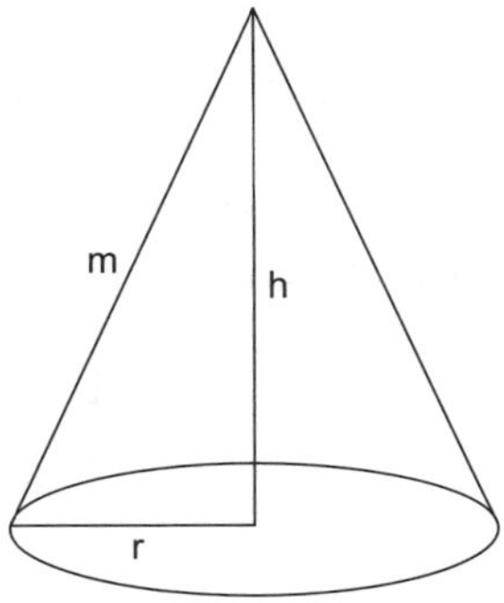

2. Schritt:

Berechnung des Sektorwinkels α

Der Umfang U des Kreissektors kann auf zwei Arten berechnet werden:

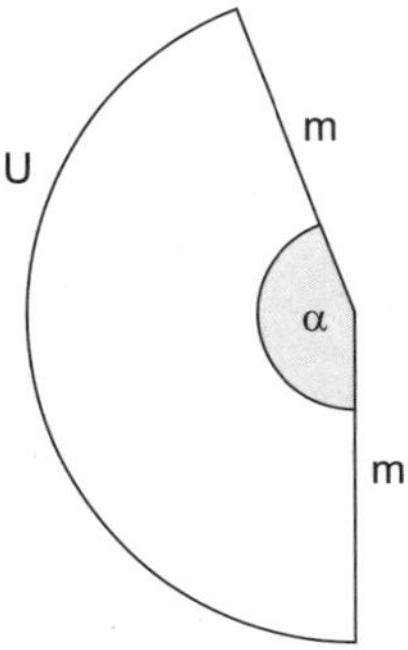

- $U = \frac{\alpha}{360°} \cdot 2 \cdot m \cdot \pi$ 0,5
- $U = 2 \cdot r \cdot \pi$ 0,5

Gleichsetzen:

$\frac{\alpha}{360°} \cdot 2 \cdot m \cdot \pi = 2 \cdot r \cdot \pi$

$\frac{\alpha}{360°} \cdot m = r$ — durch 2π dividieren 0,5

$\alpha = \frac{r}{m} \cdot 360°$ — mit 360° multiplizieren und durch m dividieren 0,5

$= \frac{6\text{ cm}}{15{,}2\text{ cm}} \cdot 360° \approx 142{,}1°$

Man benötigt also einen Kreissektor mit Radius 152 mm und Sektorwinkel 142°.

3 a) 6 Minuten,

Berechnung des Inhalts A eines Seitenflächendreiecks:

Bezeichnet h die Höhe eines Seitenflächendreiecks, so gilt:

$A = 0{,}5 \cdot a \cdot h$ — Flächenformel für Dreiecke 1

$= 0{,}5 \cdot 4\text{ cm} \cdot 2\sqrt{3}\text{ cm}$ — Höhe h nach Hinweis 0,5

$= 4\sqrt{3}\text{ cm}^2$ 0,5

Berechnung der Oberfläche S:

$S = 4 \cdot A$ 1

$= 4 \cdot 4\sqrt{3}\ \text{cm}^2 = 16\sqrt{3}\ \text{cm}^2 \approx 28\ \text{cm}^2$ 1

b) 8 Minuten,

Überlegungsfigur:

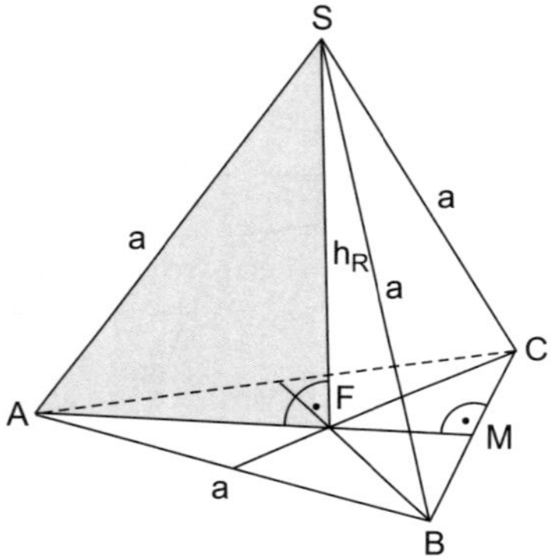

Satz von Pythagoras am Dreieck AFS: $\Rightarrow \quad h_R = \sqrt{a^2 - \overline{AF}^2}$ (1) 1

Da im gleichseitigen Dreieck Seitenhalbierende und Höhen zusammenfallen und in jedem Dreieck der Schwerpunkt die Seitenhalbierenden im Verhältnis 2 : 1 teilt, gilt:

$\overline{AF} : \overline{FM} = 2 : 1$ und daher $\overline{AF} = \frac{2}{3} \cdot \overline{AM}$ (2) 1,5

Höhe des Dreiecks ABC: $\overline{AM} = \frac{a}{2}\sqrt{3}$ nach der angegebenen Formel

$\overline{AF} = \frac{2}{3} \cdot \frac{a}{2}\sqrt{3} = \frac{a}{3}\sqrt{3}$ (3) Einsetzen von $\overline{AM}$ in (2) 0,5

$\Rightarrow \quad h_R = \sqrt{a^2 - \left(\frac{a}{3}\sqrt{3}\right)^2}$ (3) in (1) 0,5

$= \sqrt{a^2 - \frac{a^2}{9} \cdot 3}$ 0,5

$= \sqrt{a^2 - \frac{1}{3}a^2}$ mit 3 kürzen 0,5

$= \sqrt{\frac{2}{3} a^2}$	Zusammenfassen	0,5
$= \sqrt{\frac{2}{3}} \cdot a$	teilweise radizieren	0,5
$= \sqrt{\frac{2}{3}} \cdot 4 \text{ cm} \approx 33 \text{ mm}$	Wert aus Angabe einsetzen	0,5

c) 5 Minuten,

$V = \frac{1}{3} \cdot G \cdot h_R$	Formel für Pyramidenvolumen	1
$\approx \frac{1}{3} \cdot 7 \text{ cm}^2 \cdot 3{,}3 \text{ cm}$	$G \approx 7 \text{ cm}^2$ nach Teilaufgabe a $h \approx 3{,}3$ cm nach Teilaufgabe b	1
$= 7{,}7 \text{ cm}^3$		1

4 8 Minuten,

1. Schritt: Berechnung des Sternentorvolumens

Das Sternentor ist ein Hohlzylinder mit

- dem Außenradius $r_a = 3{,}35$ m,
- dem Innenradius $r_i = 2{,}50$ m und
- der Höhe $h = 0{,}15$ m. 0,5

$V_{Tor} = r_a^2 \cdot \pi \cdot h - r_i^2 \cdot \pi \cdot h$ 1

$= (r_a^2 - r_i^2) \cdot \pi \cdot h$ 0,5

$= (3{,}35^2 \text{ m}^2 - 2{,}50^2 \text{ m}^2) \cdot \pi \cdot 0{,}15 \text{ m}$

$\approx 2{,}343235 \text{ m}^3 = 2\,343\,235 \text{ cm}^3$ 1

2. Schritt: Berechnung des Würfelvolumens

$V_{Würfel} = x^3 = (1{,}5 \text{ cm})^3 = 3{,}375 \text{ cm}^3$ 1

3. Schritt: Überprüfung auf Naquadah mittels Dreisatz

2 343 235 cm^3 besitzen die Masse 32 000 000 g. 1

1 cm^3 besitzt die Masse $\frac{32\,000\,000}{2\,343\,235}$ g $= 13{,}66$ g. 1

3,375 cm^3 besitzen die Masse $13{,}66 \cdot 3{,}375 \text{ g} = 46{,}1$ g. 1

Der gefundene Würfel besitzt weniger als $\frac{1}{10}$ dieser Masse.

Es handelt sich also nicht um Naquadah. 1

Schulaufgabe 20

BE

1 Ein Tipi besteht aus einem Stangengestell und einer halbkreisförmigen Plane, die über das Gestell gelegt wird und ursprünglich von kleinen Holzstäben zusammengehalten wurde. So entsteht die typische Kegelform mit kreisförmiger Grundfläche. Peter hat sich im Outdoor Shop ein Tipi gekauft. Die moderne Plane hat ein Gesamtgewicht von 23,750 kg.
Auf der Verpackung steht:
„Segeltuch aus überwiegend Baumwolle 420 $\frac{g}{m^2}$ “

Berechne
a) den Flächeninhalt der Plane, (Kontrollergebnis: 56,5 m^2) 3
b) den Radius r der kreisförmigen Grundfläche, 5
c) die Höhe h, 2
d) den Winkel α, unter dem eine Stange gegen die Grundfläche geneigt ist. 2

2 Eine dreiseitige Pyramide ABCS mit Grundfläche ABC besitzt die Höhe h = 5,0 cm. Der Höhenfußpunkt liegt in B.
Ferner gilt: $\overline{AB} = 2{,}5\,\text{cm}$, $\overline{BC} = 6{,}0\,\text{cm}$, $\overline{AC} = 6{,}5\,\text{cm}$
a) Zeige, dass das Dreieck ABC rechtwinklig ist. 2
b) Konstruiere das Netz der Pyramide. Verwende dabei eine ganze DIN-A4-Seite im Hochformat. Beschreibe und begründe stichwortartig die wesentlichen Konstruktionsschritte. 4
c) Zeichne ein Schrägbild der Pyramide (Verzerrungswinkel $\omega = 45°$, Verzerrungsfaktor $q = \frac{1}{2}$), bei dem die Schrägbildachse mit BC zusammenfällt. 4
d) Eine zur Pyramidengrundfläche parallele Ebene schneidet die Seitenkanten [AS], [BS], [CS] in A*, B*, C*. Dabei gilt $\overline{B^*S} = 2\,\text{cm}$.
Berechne das Volumen des Pyramidenstumpfes ABCA*B*C*. 4

3 Um 2530 v. Chr. ließ Pharao Cheops eine gerade Pyramide der Höhe $h = 137$ m erbauen, deren Grundfläche ein Quadrat der Seitenlänge 230,4 m ist.

Berechne den Winkel

a) ψ, unter dem eine Seitenkante 2

b) φ, unter dem eine Seitenfläche 2

gegen die Grundfläche geneigt ist.

Hinweise und Tipps

1
- Bei a führt ein Dreisatz zum Ziel.
- Berechne bei b zunächst durch einen Flächenvergleich die Mantellinie und dann durch einen Umfangvergleich den Grundkreisradius.
- Wende bei c den Satz des Pythagoras an.
- Denke bei d an den Tangens.

2
- Die Rechtwinkligkeit lässt sich mit der Umkehrung des Satzes von Pythagoras zeigen.
- Bei b verlaufen die Geraden AB und BC im Standardnetz durch die Pyramidenspitze.
- Konstruiere für das Schrägbild zunächst die Grundfläche in wahrer Größe.
- Berechne bei d zunächst die Inhalte der Dreiecke ABC und A*B*C.
  Der 2. Strahlensatz leistet dabei gute Dienste.

3
- Die Pyramidenhöhe und die halbe Quadratdiagonale bzw.
- die Pyramidenhöhe und die halbe Quadratseite

sind jeweils Katheten eines rechtwinkligen Dreiecks.

Lösung

1 a) 4 Minuten,

420 g Stoff nehmen eine Fläche von 1 m^2 ein. 1

1 g Stoff nimmt eine Fläche von $\frac{1}{420}$ m^2 ein. 1

23 750 g Stoff nehmen eine Fläche von $\frac{1}{420} \cdot 23\,750\ m^2 \approx 56{,}5\ m^2$ ein. 1

b) 6 Minuten,

Berechnung der Mantellinie r_m:

Da die Mantelfläche ein Halbkreis vom Radius r_m ist, gilt:

$$\frac{1}{2} \cdot r_m^2 \cdot \pi = 56{,}5\ m^2$$ 1

$$r_m^2 = \frac{56{,}5\ m^2 \cdot 2}{\pi}$$ mit $\frac{2}{\pi}$ multiplizieren 1

$$r_m = \sqrt{\frac{56{,}5\ m^2 \cdot 2}{\pi}} \approx 6{,}0\ m$$ Radizieren 1

Berechnung des Grundkreisradius r:

Da der halbe Umfang des Kreises mit Radius r_m (Mantelfläche) gleich dem Umfang der Grundkreisfläche mit Radius r ist, gilt:

$$\frac{1}{2} \cdot 2\pi r_m = 2\pi r$$ 1

$$r = \frac{r_m}{2}$$ durch 2π dividieren

$$r = \frac{6{,}0\ m}{2} = 3{,}0\ m$$ 1

c) 3 Minuten, /

$$r_m^2 = r^2 + h^2$$ Satz des Pythagoras 1

$$h^2 = r_m^2 - r^2$$ r^2 subtrahieren

$$h = \sqrt{r_m^2 - r^2}$$ Radizieren 0,5

$$= \sqrt{(6{,}0\ m)^2 - (3{,}0\ m)^2}$$ 0,5

$$\approx 5{,}2\ m$$

d) 2 Minuten, /

$\tan \alpha = \frac{h}{r} = \frac{5{,}2\text{ m}}{3{,}0\text{ m}} \approx 1{,}73$ 1

$\Rightarrow \ \alpha \approx 60°$ 1

2 a) 3 Minuten, /

$\overline{AB}^2 + \overline{BC}^2$

$= (2{,}5\text{ cm})^2 + (6{,}0\text{ cm})^2$ 0,5

$= 6{,}25\text{ cm}^2 + 36{,}0\text{ cm}^2$ 0,5

$= 42{,}25\text{ cm}^2$ 0,5

$= (6{,}5\text{ cm})^2$

$= \overline{AC}^2$ 0,5

Wegen $\overline{AC}^2 = \overline{AB}^2 + \overline{BC}^2$ besitzt das Dreieck ABC nach der Umkehrung des Satzes von Pythagoras bei B einen rechten Winkel.

b) 8 Minuten, /

Maßstab 1 : 2

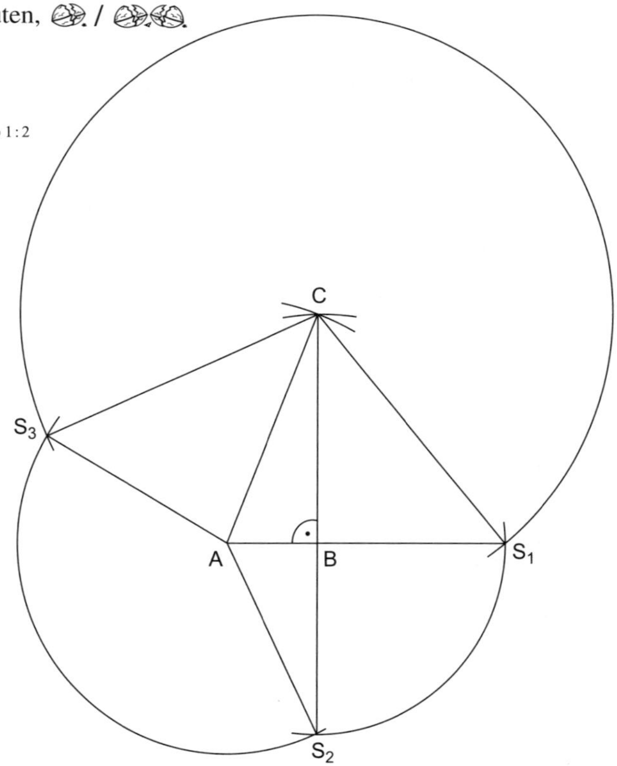

Beschreibung und Begründung der wichtigsten Konstruktionsschritte:

1. Alle Lote von einer Spitze auf die zugehörigen Grundkanten verlaufen in einem Standardnetz durch den Höhenfußpunkt B. 1
2. S_1 liegt einerseits wegen der in 1 genannten Eigenschaft des Höhenfußpunkts auf der Verlängerung der Seite [AB] über B hinaus und andererseits auf dem Kreis um B mit Radius r = 5,0 cm. 1
3. S_2 liegt einerseits wegen der in 1 genannten Eigenschaft auf der Verlängerung der Seite [BC] über B hinaus und andererseits auf dem Kreis um B mit Radius r = 5,0 cm. 1
4. S_3 ist der Schnittpunkt der Kreise um A mit Radius $\overline{AS_2}$ und um C mit Radius $\overline{CS_1}$. 1

c) 5 Minuten,

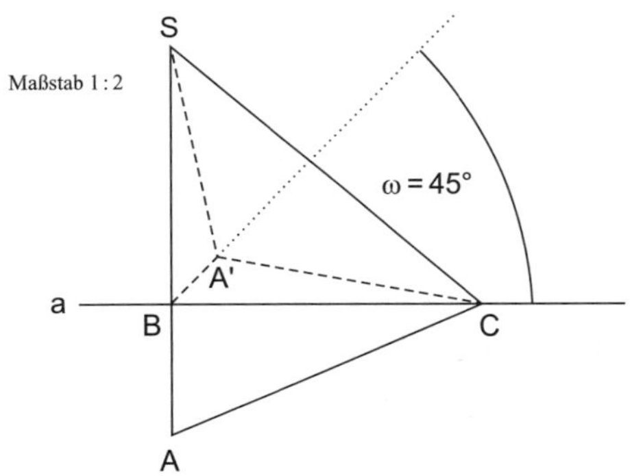

4

d) 8 Minuten,
Skizze: (nicht verlangt)

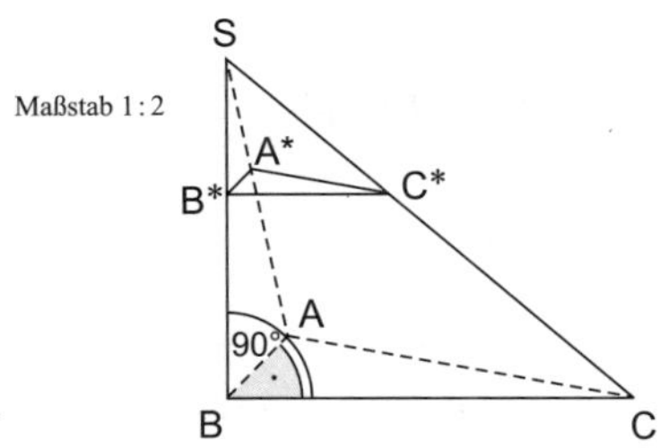

Berechnung der Seite $\overline{A^*B^*}$:
Nach dem 2. Strahlensatz gilt:

$$\frac{\overline{A^*B^*}}{\overline{AB}} = \frac{\overline{B^*S}}{\overline{BS}}$$

$$\Rightarrow \quad \frac{\overline{A^*B^*}}{2{,}5\text{ cm}} = \frac{2\text{ cm}}{5\text{ cm}}$$ 0,5

$$\Rightarrow \quad \overline{A^*B^*} = \frac{2\text{ cm} \cdot 2{,}5\text{ cm}}{5\text{ cm}} = 1\text{ cm}$$ 0,5

Berechnung der Seite $\overline{B^*C^*}$:
Nach dem 2. Strahlensatz gilt:

$$\frac{\overline{B^*C^*}}{\overline{BC}} = \frac{\overline{B^*S}}{\overline{BS}}$$

$$\Rightarrow \quad \frac{\overline{B^*C^*}}{6\text{ cm}} = \frac{2\text{ cm}}{5\text{ cm}}$$ 0,5

$$\Rightarrow \quad \overline{B^*C^*} = \frac{2\text{ cm} \cdot 6\text{ cm}}{5\text{ cm}} = 2{,}4\text{ cm}$$ 0,5

Berechnung des Inhalts der Dreiecksfläche A*B*C*:

$$A_{\Delta A^*B^*C^*} = \frac{\overline{A^*B^*} \cdot \overline{B^*C^*}}{2} = \frac{1\text{ cm} \cdot 2{,}4\text{ cm}}{2} = 1{,}2\text{ cm}^2$$ 0,5

Berechnung des Inhalts der Dreiecksfläche ABC:

$$A_{\Delta ABC} = \frac{\overline{AB} \cdot \overline{BC}}{2} = \frac{2{,}5\text{ cm} \cdot 6{,}0\text{ cm}}{2} = 7{,}5\text{ cm}^2$$

Berechnung des Volumens des Pyramidenstumpfes:

$$V_{\text{Stumpf}} = V_{ABCS} - V_{A^*B^*C^*S}$$ 0,5

$$= \frac{1}{3} \cdot A_{\Delta ABC} \cdot h - \frac{1}{3} \cdot A_{\Delta A^*B^*C^*} \cdot \overline{B^*S}$$ 0,5

$$= \frac{1}{3} \cdot 7{,}5\text{ cm}^2 \cdot 5\text{ cm} - \frac{1}{3} \cdot 1{,}2\text{ cm}^2 \cdot 2\text{ cm} = 11{,}7\text{ cm}^3$$ 0,5

3

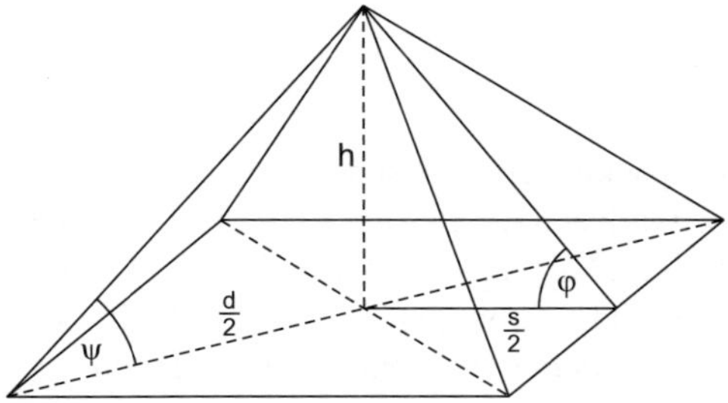

Bezeichnet s die Seitenlänge des Grundflächenquadrats und d dessen Diagonale, so gilt:

a) 3 Minuten,

$$\tan\psi = \frac{h}{\frac{d}{2}} = \frac{2h}{d} = \frac{2h}{s\sqrt{2}} = \frac{2\cdot 137\ \text{m}}{230{,}4\ \text{m}\cdot\sqrt{2}} \approx 0{,}841 \quad\Rightarrow\quad \psi \approx 40{,}06^\circ$$ 2

b) 3 Minuten,

$$\tan\varphi = \frac{h}{\frac{s}{2}} = \frac{2h}{s} = \frac{2\cdot 137\ \text{m}}{230{,}4\ \text{m}} \approx 1{,}189 \quad\Rightarrow\quad \varphi \approx 49{,}94^\circ$$ 2

Schulaufgabe 21

BE

1 Viele Verpackungen sind Mogelpackungen – sie sehen groß aus, darin steckt aber weniger, als man denkt. Nach der Fertigpackungsverordnung dürfen Fertigpackungen nicht mehr als 30 Prozent Luftvolumen enthalten. Eine Kartusche enthält 310 $m\ell$ Sanitärsilikon. Ohne Austrittstülle hat sie die Form eines geraden Kreiszylinders mit der Höhe 22 cm und dem Bodendurchmesser 50 mm (Außenmaße).
Verletzt diese Abgabeform für Silikon die Fertigpackungsverordnung? 6

Hinweis: Das Volumen der Verpackung kann vernachlässigt werden.

2 In einem Heimwerker-Prospekt findet man nebenstehende Angaben über einen V-Nutfräser.

a) Berechne das Volumen des kegelförmigen Fräserkopfs. 4

b) Die Frästiefe wird so eingestellt, dass der zylindrische Teil des Fräsers gerade noch nicht ins Holz eintaucht. Berechne das in einem 80 cm langen Werkstück herausgefräste Holzvolumen. 3

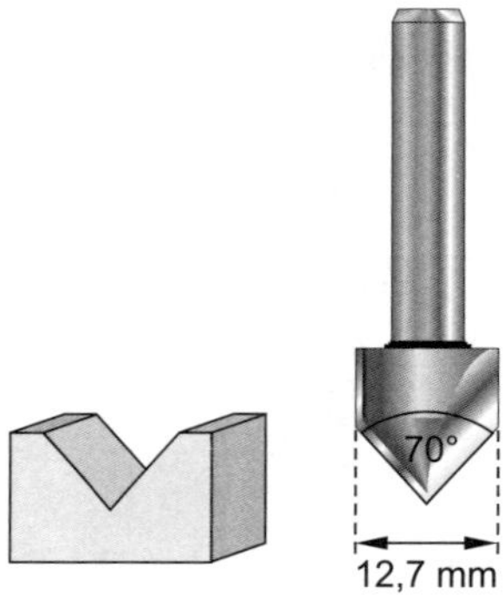

3 Ottos Leuchtturm, ein zylindrischer Baukörper mit Kegeldach, braucht dringend einen Außenanstrich. Für die Abschätzung des Farbbedarfs vernachlässigt er Tür- und Fensteröffnungen und zeichnet nebenstehenden Plan.
Berechne die Inhalte der weiß bzw. rot zu streichenden Flächen. 7

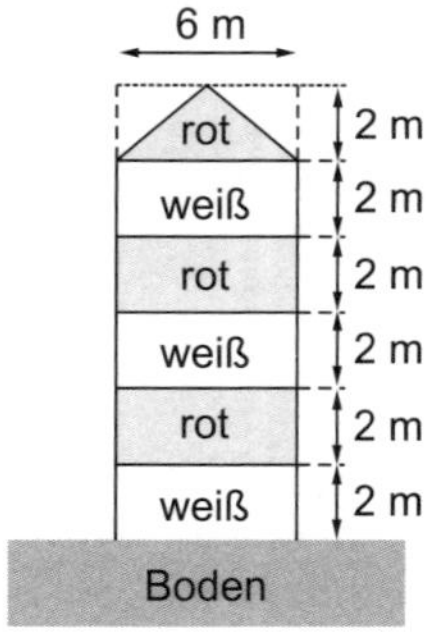

4 Aus einem gleichseitigen Dreieck der Seitenlänge s = 180 mm kann durch geeignetes Falten eine Pyramide hergestellt werden, deren Oberfläche aus 4 kongruenten, gleichseitigen Dreiecken besteht.

a) Fertige einen Faltplan im Maßstab 1 : 3 an, in dem die Falzlinien eingetragen sind. 5

b) Ein Methanmolekül besteht aus 4 Wasserstoffatomen (H) und einem Kohlenstoffatom (C). Die „Faltpyramide" ermöglicht eine Vorstellung über die räumliche Anordnung dieser Atome: Könnte man nämlich alle Strecken in einem Methanmolekül um den Faktor 500 000 000 vergrößern, so säßen die Zentren der H-Atome an den Ecken und das Zentrum des Kohlenstoffatoms in der Mitte der „Faltpyramide".

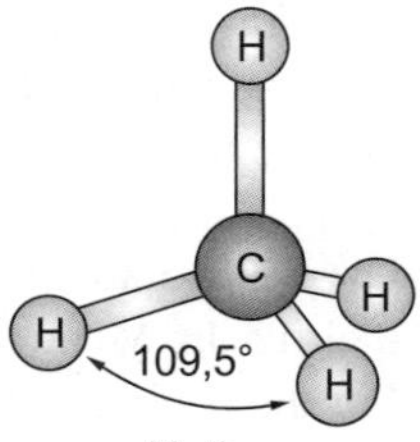

Methan

Welches Volumen nimmt ein Methanmolekül ein, wenn die Faltpyramide den Rauminhalt 85 913,5 mm^3 beansprucht? 5

Hinweise und Tipps

1 Berechne zunächst die Differenz zwischen dem Zylindervolumen und dem Füllgutvolumen.

2
- Der Fräserkopf ist ein gerader Kreiskegel mit Grundkreisradius 6,35 mm. Die Tangensfunktion hilft dir bei der Berechnung der Höhe weiter.
- Wende bei b die Volumenformel für ein Prisma an.

3
- Die weiße und einen Teil der roten Fläche berechnest du mithilfe der Formel für die Mantelfläche eines geraden Kreiszylinders.
- Für die restliche „Rotfläche" benötigst du die Mantellinie des aufgesetzten Kreiskegels (Pythagoras) und den Grundkreisradius.

4
- Denke bei a an die Mittellinien des Dreiecks.
- Drücke mithilfe der Formel für das Pyramidenvolumen die Volumina der Falt- und der Methanpyramide durch allgemeine Größen aus.
  Um welchen Faktor unterscheiden sich je zwei entsprechende Größen der beiden Pyramiden?

Lösung

BE

1 10 Minuten,

Die Kartusche hat die Form eines Zylinders mit Grundkreisradius $r = 25\text{ mm} = 2{,}5\text{ cm}$ und Höhe $h = 22\text{ cm}$. Für sein Volumen gilt:

$V = r^2 \cdot \pi \cdot h$ 1

$= (2{,}5\text{ cm})^2 \cdot \pi \cdot 22\text{ cm} \approx 432\text{ cm}^3 = 432\ m\ell$ 1

Differenz zwischen Außenvolumen und Füllgut:

$432\ m\ell - 310\ m\ell = 122\ m\ell$ 1

Die relevante Bezugsgröße ist das Außenvolumen. Es gilt:

$432\ m\ell$ entsprechen $100\ \%$ 1

$1\ m\ell$ entspricht $\frac{100}{432}\ \%$ 1

$122\ m\ell$ entsprechen $\frac{100}{432} \cdot 122\ \% \approx 28{,}2\ \%$ 0,5

Weniger als 30 % des Gesamtvolumens sind also kein Silikon.
Die Vorschrift wird somit eingehalten. 0,5

2 a) 6 Minuten,

Berechnung der Kegelhöhe h:

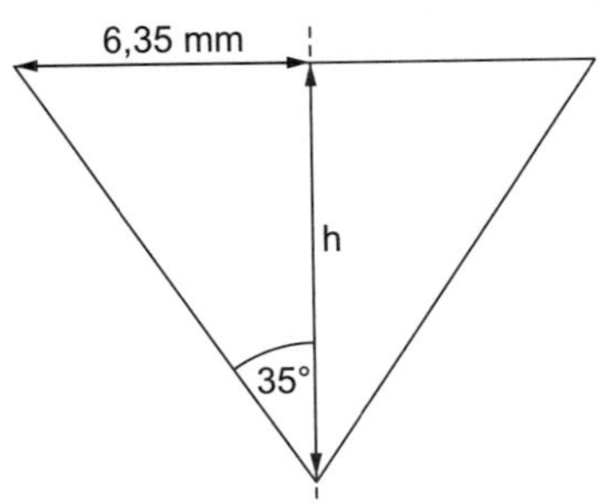

$\tan 35° = \frac{6{,}35\text{ mm}}{h}$ 1

$\Rightarrow \quad h = \frac{6{,}35\text{ mm}}{\tan 35°} \approx 9{,}07\text{ mm}$ 1

Berechnung des Volumens V:

$V = \frac{1}{3} \cdot r^2 \cdot \pi \cdot h$ 1

$V = \frac{1}{3} \cdot (6{,}35\text{ mm})^2 \cdot \pi \cdot 9{,}07\text{ mm}$

$\approx 383\text{ mm}^3$ 1

b) 6 Minuten,

Das herausgefräste Holzvolumen hat die Form eines Prismas.
Dessen Grundfläche ist ein Dreieck mit der Grundlinie 12,7 mm und der Höhe 9,07 mm. Die Prismenhöhe beträgt 800 mm. 1

$V_{\text{Prisma}} = \frac{12{,}7\text{ mm} \cdot 9{,}07\text{ mm}}{2} \cdot 800\text{ mm} = 46\,075{,}6\text{ mm}^3 \approx 46\text{ cm}^3$ 2

3 10 Minuten,

Berechnung der „weißen Fläche":

Die weiß zu streichende Fläche ist die Mantelfläche M_Z eines Zylinders mit dem Grundkreisradius $r = 3$ m und der Höhe $h_1 = 3 \cdot 2\text{ m} = 6\text{ m}$:

$M_{Z,1} = 2 \cdot r \cdot \pi \cdot h_1$ 1

$= 2 \cdot 3\text{ m} \cdot \pi \cdot 6\text{ m} \approx 113{,}1\text{ m}^2$ 1

Berechnung der „roten Fläche":

Die rot zu streichende Fläche setzt sich zusammen aus der Mantelfläche $M_{Z,2}$ eines Zylinders mit dem Grundkreisradius $r = 3$ m und der Höhe $h_2 = 2 \cdot 2\text{ m} = 4\text{ m}$, und der Mantelfläche M_K eines Kegels mit dem Grundkreisradius $r = 3$ m und der Höhe 2 m.

Mithilfe des Satzes von Pythagoras erhält man für die Mantellinie m_K dieses Kegels:

$m_K^2 = (3\text{ m})^2 + (2\text{ m})^2 = 13\text{ m}^2 \quad \Rightarrow \quad m_K = \sqrt{13}\text{ m} \approx 3{,}6\text{ m}$ 2

Als „rote" Fläche ergibt sich:

$M_{Z,2} + M_K = 2 \cdot r \cdot \pi \cdot h_2 + r \cdot m_K \cdot \pi$ 2

$= 2 \cdot 3\text{ m} \cdot \pi \cdot 4\text{ m} + 3\text{ m} \cdot 3{,}6\text{ m} \cdot \pi \approx 109{,}3\text{ m}^2$ 1

4 a) 6 Minuten,

Die Falzlinien sind die Mittellinien des Dreiecks ABC. Die Seiten der Faltpyramide sind 90 mm lang.

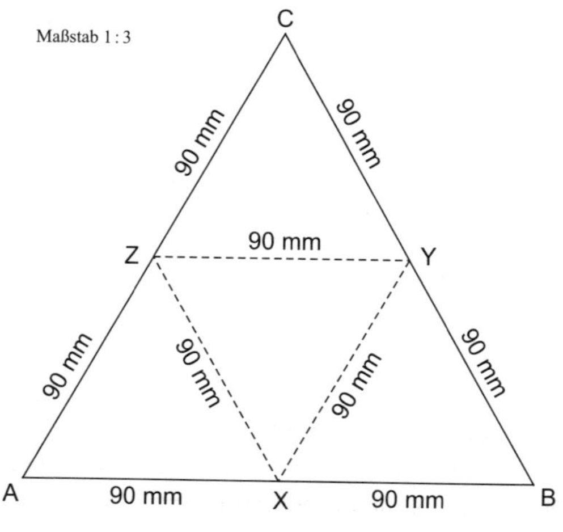

5

b) 7 Minuten, /

Bezeichnet man die Seite der Faltpyramide mit a, die Höhe eines ihrer Seitenflächendreiecke mit h_F, den Inhalt eines Seitenflächendreiecks mit G und ihre Raumhöhe mit h_R so gilt:

$$V_{Faltpyramide} = \frac{1}{3} \cdot G \cdot h_R$$ Formel für Pyramidenvolumen 1

$$= \frac{1}{3} \cdot \frac{a \cdot h_F}{2} \cdot h_R$$ Formel für Dreiecksfläche 1

Durch „Schrumpfen" aller Strecken um den Faktor 500 000 000 erhält man:

$$V_{Methan} = \frac{1}{3} \cdot \frac{a \cdot h_F}{2} \cdot h_R \cdot \frac{1}{500\,000\,000^3}$$ Die Strecken a, h_F und h_R werden jeweils durch 500 000 000 dividiert. 2

$$= V_{Faltpyramide} \cdot \frac{1}{500\,000\,000^3}$$

$$= 85\,913{,}5\ \text{mm}^3 \cdot \frac{1}{500\,000\,000^3}$$ Einsetzen des gegebenen Wertes

$$\approx 6{,}9 \cdot 10^{-22}\ \text{mm}^3$$ 1

Schulaufgabe 22

BE

1 Der Brennstoff für die Kernspaltung in Kernkraftwerken wird in Tablettenform (Pellet) gepresst und in Brennstäbe gefüllt. Das sind 4,17 m lange Hohlzylinder aus Metall mit einer Wandstärke von 0,7 mm und einem kreisförmigen Querschnitt (Außendurchmesser 11 mm). 236 solcher Brennstäbe werden zu einem Brennelement zusammengefasst.

a) Welches Volumen besitzt der in einem Brennelement untergebrachte Brennstoff? 4

b) Wie groß ist die äußere Oberfläche aller Brennstäbe in einem Brennelement? 3

2 Ein fabrikneuer, zunächst ungespitzter Bleistift hat die Form eines Kreiszylinders. Die Mine ist ein konzentrischer Zylinder im Inneren, außen ist Holz. Er ist 180 mm lang und hat einen Durchmesser von 12 mm. Der Durchmesser der Mine beträgt 3 mm.

a) Berechne auf zwei Dezimalen genau, wie viel Prozent des neuen Stifts aus Holz sind. 5

b) Beim ersten Anspitzen des Bleistifts wird Material so entfernt, dass die Spitze ein gerader Kreiskegel von 24 mm Höhe wird. Wie viel Material in mm^3 wird beim ersten Anspitzen insgesamt entfernt? 4

3 Schneidet man einen geraden Kreiszylinder mit einer Ebene, welche die Zylinderachse enthält, so entsteht ein Rechteck, dessen Flächeninhalt $100\ cm^2$ beträgt. Bestimme den Grundkreisradius und die Höhe des Zylinders, wenn seine gesamte Oberfläche den Inhalt $2\,100\pi\ cm^2$ besitzt. 6

4 Die Grundfläche der Pyramide ABCS ist das gleichseitige Dreieck ABC mit $\overline{AB} = 5$ cm, der Fußpunkt F der Pyramidenhöhe halbiert die Höhe h_c im Dreieck ABC, die Seitenkante [AS] ist 6 cm lang.

a) Konstruiere das Netz der Pyramide. Beschreibe und begründe stichwortartig die wesentlichen Konstruktionsschritte. 4

b) Von den vier Dreiecken, welche die Pyramide begrenzen, besitzt das Dreieck ABC mit $10{,}8\ cm^2$ den kleinsten Flächeninhalt. Die Inhalte von 2 weiteren Seitenflächendreiecken sind um 12,6 % bzw. 25,9 % größer. Wie groß ist die Oberfläche der Pyramide? 4

Hinweise und Tipps

1
- Achte bei a und b auf den Unterschied zwischen Innen- und Außenradius.
- Wende bei a die Formel für das Volumen und bei b die Formel für die Mantelfläche eines Zylinders an.

2
- Bei a ergibt sich das Holzvolumen als Differenz der Volumina zweier Zylinder.
- Das Gesamtvolumen des Bleistifts entspricht 100 %.
- Das bei b gesuchte Volumen ergibt sich als Differenz der Volumina eines Zylinders und eines Kreiskegels, die in Grundkreisradius und Höhe übereinstimmen.

3
- Der Flächeninhalt des Rechtecks lässt sich mithilfe des Grundkreisradius r und der Höhe h des Zylinders ausdrücken (Gleichung 1).
- Mithilfe der Information über die Oberfläche des Zylinders lässt sich ein zweiter Zusammenhang zwischen r und h herstellen (Gleichung 2).
- Löse das Gleichungssystem mit den Variablen r und h.

4
- Denke bei a daran, dass sich in einem Standardnetz die Lote von der Spitze auf die Grundkanten im Höhenfußpunkt schneiden.
- Bei b ist die Fläche des Dreiecks ACS zweimal zu berücksichtigen. Mithilfe des Netzes erkennst du, welches der Dreiecke ACS oder ABS den größeren Inhalt besitzt.

Lösung

1 a) 5 Minuten,

Radius eines Brennstoffpellets:

$r = 5{,}5\ \text{mm} - 0{,}7\ \text{mm}$

$= 4{,}8\ \text{mm} = 4{,}8 \cdot 10^{-3}\ \text{m}$ 1

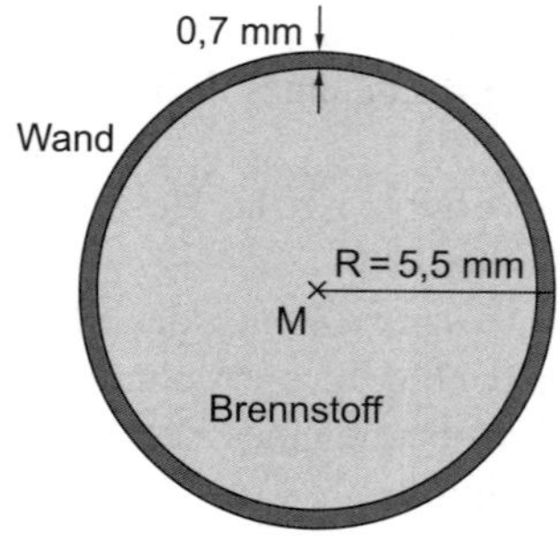

Da der Brennstoff in einem Brennstab die Form eines Zylinders mit dem Grundkreisradius $r = 4{,}8 \cdot 10^{-3}$ m und der Höhe $h = 4{,}17$ m hat, gilt für sein Volumen:

$V_{\text{Brennstab}} = r^2 \cdot \pi \cdot h$ 1

$= (4{,}8 \cdot 10^{-3}\ \text{m})^2 \cdot \pi \cdot 4{,}17\ \text{m}$

$\approx 3{,}0 \cdot 10^{-4}\ \text{m}^3$ 1

Für das Brennstoffvolumen eines Brennelements gilt:

$V_{\text{Brennelement}} = 236 \cdot 3{,}0 \cdot 10^{-4}\ \text{m}^3 = 7{,}1 \cdot 10^{-2}\ \text{m}^3$ 1

b) 5 Minuten,

Für die Mantelfläche eines Brennstabs gilt:

$M_{\text{Brennstab}} = 2 \cdot R \cdot \pi \cdot h = 2 \cdot 5{,}5 \cdot 10^{-3}\ \text{m} \cdot \pi \cdot 4{,}17\ \text{m} \approx 0{,}14\ \text{m}^2$ 2

Für die Oberfläche eines Brennelements gilt:

$S_{\text{Brennelement}} = 236 \cdot 0{,}14\ \text{m}^2 = 33\ \text{m}^2$ 1

2 a) 7 Minuten,

Bleistiftradius: $R = 6$ mm

Minenradius: $r = 1{,}5$ mm

Bleistiftlänge: $L = 180$ mm

$\dfrac{V_{\text{Zyl}}(R; L) - V_{\text{Zyl}}(r; L)}{V_{\text{Zyl}}(R; L)}$ Anteil des Holzvolumens am Gesamtvolumen 1

$= 1 - \dfrac{V_{\text{Zyl}}(r; L)}{V_{\text{Zyl}}(R; L)}$ Kürzen 1

$= 1 - \dfrac{r^2 \cdot \pi \cdot L}{R^2 \cdot \pi \cdot L}$ Formel für Zylindervolumen 1

$=1-\left(\frac{r}{R}\right)^2$	Kürzen	1
$=1-\left(\frac{1,5\text{ mm}}{6,0\text{ mm}}\right)^2=1-\left(\frac{1}{4}\right)^2=0,9375$	Einsetzen der gegebenen Werte	1

93,75 % des neuen Stifts sind aus Holz.

b) 5 Minuten,

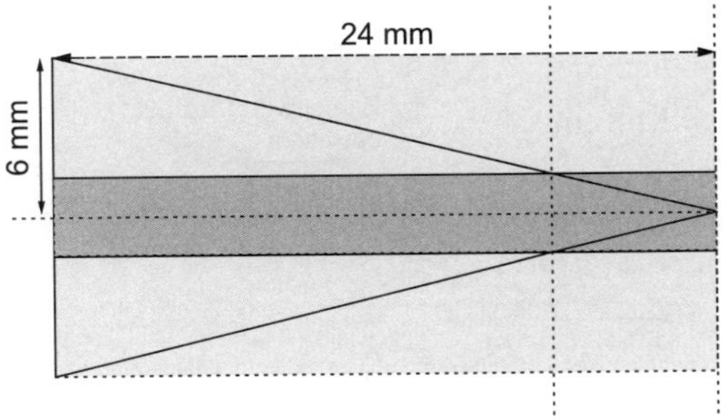

1

Das beim ersten Anspitzen insgesamt entfernte Volumen V_{weg} ergibt sich aus der Differenz der Volumina eines Zylinders und eines Kegels mit Radius R = 6 mm und Höhe h = 24 mm.

$V_{weg}=R^2\cdot\pi\cdot h-\frac{1}{3}\cdot R^2\cdot\pi\cdot h$	Formeln für Zylinder- und Kegelvolumen	1
$=\frac{2}{3}\cdot R^2\cdot\pi\cdot h$	Zusammenfassen	1
$=\frac{2}{3}\cdot(6\text{ mm})^2\cdot\pi\cdot 24\text{ mm}\approx 1\,810\text{ mm}^3$	Einsetzen der Werte	1

Beim ersten Anspitzen werden also insgesamt 1 810 mm^3 Material (Holz und Mine) entfernt.

3 10 Minuten,

Der Grundkreisradius des Zylinders wird mit r, seine Höhe mit h bezeichnet.

Flächeninhalt des Rechtecks:

$2\cdot r\cdot h=100\text{ cm}^2$		
$r\cdot h=50\text{ cm}^2$	durch 2 dividieren	1,5
$h=\frac{50\text{ cm}^2}{r}$ (1)	durch r dividieren	0,5

Oberfläche des Zylinders:

$2 \cdot r \cdot \pi \cdot h + 2 \cdot r^2 \cdot \pi = 2\,100 \cdot \pi\ \text{cm}^2$		
$r \cdot h + r^2 = 1\,050\ \text{cm}^2 \qquad (2)$	durch 2π dividieren	1,5
$\Rightarrow\ r \cdot \dfrac{50\ \text{cm}^2}{r} + r^2 = 1\,050\ \text{cm}^2$	(1) einsetzen in (2)	0,5
$50\ \text{cm}^2 + r^2 = 1\,050\ \text{cm}^2$	Kürzen	
$r^2 = 1\,000\ \text{cm}^2$	$50\ \text{cm}^2$ auf beiden Seiten subtrahieren	0,5
$r \approx 31{,}6\ \text{cm}$	Radizieren	0,5
$\Rightarrow\ h = \dfrac{50\ \text{cm}^2}{r} = \dfrac{50\ \text{cm}^2}{31{,}6\ \text{cm}} \approx 1{,}58\ \text{cm}$	Zahlenwert für r in (1) einsetzen	1

4 a) 8 Minuten,

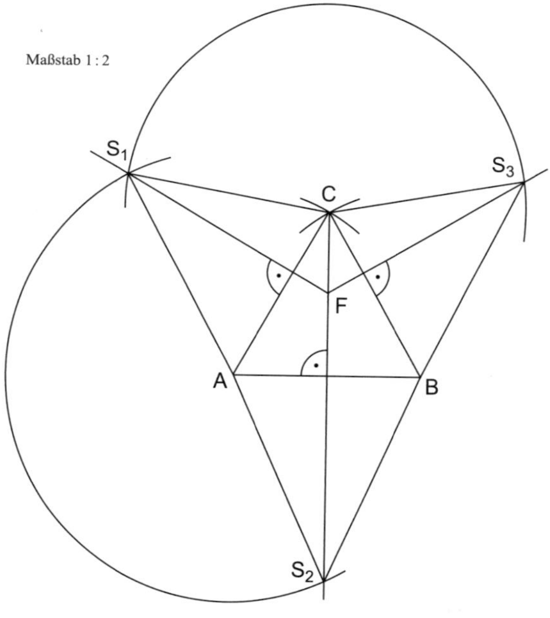

1

Beschreibung und Begründung der wichtigsten Konstruktionsschritte:

1. S_1 ist der Schnittpunkt des Kreises um A mit Radius 6 cm und des Lotes von F auf AC, da sich in einem Standardnetz alle Lote von einer Spitze auf die zugehörigen Grundkanten im Höhenfußpunkt F treffen. 1

2. S_2 ist der Schnittpunkt des Kreises um A mit Radius 6 cm und des Lotes von F auf AB. 1
3. S_3 ist der Schnittpunkt des Kreises um C mit Radius $\overline{CS_1}$ und des Lotes von F auf BC. 1

b) 🕔 5 Minuten, 🧠🧠🧠

Mithilfe der Längen der Dreiecksseiten (siehe Netz in Teilaufgabe a) erkennt man, dass die Dreiecke ACS und BCS gleich groß sind und einen kleineren Flächeninhalt als das Dreieck ABS besitzen.

Daher gilt für die Pyramidenoberfläche S:

$S = \text{Fläche}_{ABC} + 2 \cdot \text{Fläche}_{ACS} + \text{Fläche}_{ABS}$ 2

$= 10{,}8\ \text{cm}^2 + 2 \cdot 1{,}126 \cdot 10{,}8\ \text{cm}^2 + 1{,}259 \cdot 10{,}8\ \text{cm}^2$ 1

$= 48{,}7\ \text{cm}^2$ 1

Leerseiten verbilligen in diesem Fall die Herstellung des Buches!

Ihre Meinung ist uns wichtig!

Ihre Anregungen sind uns immer willkommen. Bitte informieren Sie uns mit diesem Schein über Ihre Verbesserungsvorschläge!

Titel-Nr.	Seite	Vorschlag

Bitte hier abtrennen

Lernen • Wissen • Zukunft
STARK

Bitte hier abtrennen

Zutreffendes bitte ankreuzen!

Die Absenderin/der Absender ist:

- ☐ Lehrer/in in den Klassenstufen: ______
- ☐ Fachbetreuer/in
  Fächer: ______
- ☐ Seminarlehrer/in
  Fächer: ______
- ☐ Regierungsfachberater/in
  Fächer: ______
- ☐ Oberstufenbetreuer/in
- ☐ Schulleiter/in
- ☐ Referendar/in, Termin 2. Staatsexamen: ______
- ☐ Leiter/in Lehrerbibliothek
- ☐ Leiter/in Schülerbibliothek
- ☐ Sekretariat
- ☐ Eltern
- ☐ Schüler/in, Klasse: ______
- ☐ Sonstiges: ______

Unterrichtsfächer: (Bei Lehrkräften!)

______

STARK Verlag
Postfach 1852
85318 Freising

21-V1M

Bitte ausfüllen und im frankierten Umschlag an uns einsenden. Für Fensterkuverts geeignet.

Kennen Sie Ihre Kundennummer? Bitte hier eintragen.

Absender (Bitte in Druckbuchstaben!)

Name/Vorname

Straße/Nr.

PLZ/Ort/Ortsteil

Telefon privat

Geburtsjahr

E-Mail

Schule/Schulstempel (Bitte immer angeben!)

(Bitte blättern Sie um)